山区蔬菜(食用菌)栽培与管理

董　岩　孙景明　陶秀娟　主编

中国农业大学出版社
·北京·

内容简介

本书以中国蔬菜文化开篇，详细介绍了中国蔬菜文化历史渊源及发展脉络。第一章介绍中国蔬菜文化。第二章介绍蔬菜栽培基础，这是蔬菜高效生产的保障。第三章、第四章和第五章分别从设施蔬菜栽培、露地蔬菜栽培和食用菌栽培三个方面进行概括，将生产理论与实际劳作相结合，具有较强的针对性和实用性。本书是承德蔬菜科研工作者和基层技术专家多年实践经验的总结，脉络清晰，通俗易懂，环环相扣，既可作为蔬菜工作者查询参考的工具书，也可作为高素质农民培训的教材。

图书在版编目(CIP)数据

山区蔬菜(食用菌)栽培与管理/董岩，孙景明，陶秀娟主编. --北京：中国农业大学出版社，2022.6

ISBN 978-7-5655-2749-4

Ⅰ.①山… Ⅱ.①董…②孙…③陶… Ⅲ.①山区—食用菌—蔬菜园艺 Ⅳ.①S646

中国版本图书馆 CIP 数据核字(2022)第 046901 号

书　　名 山区蔬菜(食用菌)栽培与管理

作　　者 董　岩　孙景明　陶秀娟　主编

策划编辑 张　玉　　**责任编辑** 张　玉　邢永丽

封面设计 郑　川

出版发行 中国农业大学出版社

社　　址 北京市海淀区圆明园西路 2 号　　**邮政编码** 100193

电　　话 发行部 010-62733489，1190　　读者服务部 010-62732336

编辑部 010-62732617，2618　　出　版　部 010-62733440

网　　址 http://www.caupress.cn　　**E-mail** cbsszs@cau.edu.cn

经　　销 新华书店

印　　刷 北京鑫丰华彩印有限公司

版　　次 2022 年 6 月第 1 版　　2022 年 6 月第 1 次印刷

规　　格 170 mm×228 mm　　16 开本　　11.5 印张　　210 千字

定　　价 35.00 元

编写委员会

顾　问： 郭久林　范庆杰　王玉宏　李　兵

主　编： 董　岩　承德市农林科学院研究员

孙景明　平泉市农业农村局高级农艺师

陶秀娟　承德市农林科学院研究员

副主编： 郭久林　承德市农林科学院研究员

范庆杰　承德市农林科学院研究员

韩建国　承德市农林科学院研究员

闫　丽　承德市农林科学院研究员

徐丽娜　丰宁满族自治县农业农村局高级农艺师

王春红　围场满族蒙古族自治县农业农村局高级农艺师

祁占东　承德市农业农村局高级农艺师

参　编： 陈　靖　任占伟　郭晓雨　刘　源　王民乐　张　伟

董佳琦　方晓春　刘卫新　王春华　杨伟丽　陈东旭

赵　静　王仕丹　赵俊国　栾锐新　孙小金　刘荣华

崔志涛　王志军　贾　敏　赵彦平　冯广来　霍燃华

王　辉　修丽娜　袁　征　李　昊　王红军　池海青

崔轶男　杨超沙　许贵明　王鹤睿　马　天　魏　国

张志江　李　硕　唐丽丽　胡启旺　王　磊　段晓贺

前　言

蔬菜是人类餐桌上不可或缺的食材。推进蔬菜产业持续发展，是巩固脱贫攻坚成果，对接乡村振兴的重要载体。

在直面百年变局的重要节点和“十四五”规划开局之年，承德市农林科学院以深入开展党史学习教育为动力，从党的百年伟大奋斗历程中，汲取继续前进的智慧和力量。立足新发展阶段，贯彻新发展理念，构建新发展格局，推动高质量发展，我院组织从事蔬菜研究的党员科研人员和业内学者，查阅大量资料、克服困难，合力撰写了《山区蔬菜（食用菌）栽培与管理》一书。这本书的出版发行，不仅是承德蔬菜科研工作者向党的百年华诞献上的一份厚礼，也是承德市农林科学院广大党员科研工作者学党史、悟思想、求发展的最好诠释。

工欲善其事，必先利其器。《山区蔬菜（食用菌）栽培与管理》以基层科技人员、乡村蔬菜生产企业和广大农民为读者群，形式上以章节式展开，内容上从中国蔬菜文化起笔，详尽介绍蔬菜文化历史渊源及发展脉络，从蔬菜分类、栽培学的基本制度、越冬管理、食用菌品系栽培技术，到根菜类、茎菜类、叶菜类、花菜类、果菜类等现代蔬菜系列，由此及彼、由表及里，注重理论与实践相结合，实用与管用相统一，具有较强的针对性和实用性。此书不仅是承德地区蔬菜栽培技术普及推广的工具书，而且是整个内蒙古高原经济带指导蔬菜产业良性发展的基础教材。

本书内容言简意赅、深入浅出、易学管用。它凝结了承德市农林科学院蔬菜科研专家、实践经验丰富的专业技术人员的心血和智慧,是践行初心使命的重要成果,洋溢着浓浓的“三农”情怀。我们相信,本书在战胜新冠肺炎疫情的影响、实现农业农村经济恢复性增长的进程中,本书必将绽放出绿色蓬勃、生机盎然的美丽霞光。

编　者

2021 年 10 月

目 录

第一章 中国蔬菜文化 …… 1
第一节 中国蔬菜来源 …… 1
第二节 蔬菜的营养价值 …… 6
第三节 蔬菜分类方法 …… 7
第四节 食用菌类蔬菜 …… 11

第二章 蔬菜栽培基础 …… 15
第一节 蔬菜栽培基本制度 …… 15
第二节 栽培季节与茬口安排 …… 17
第三节 蔬菜的生长发育 …… 19
第四节 蔬菜栽培的环境要求 …… 28
第五节 植物蔬菜栽培基础 …… 39
第六节 食用菌栽培基础 …… 50
第七节 农业物联网 …… 71

第三章 设施蔬菜栽培 …… 76
第一节 设施黄瓜越冬栽培技术 …… 76
第二节 设施番茄越夏栽培技术 …… 83
第三节 设施西葫芦越冬栽培技术 …… 98

第四章 露地蔬菜栽培 …… 104
第一节 大白菜栽培技术 …… 104
第二节 花椰菜栽培技术 …… 110

第三节 胡萝卜栽培技术 …… 115
第四节 马铃薯栽培技术 …… 118
第五节 朝天椒栽培技术 …… 125
第六节 南瓜栽培技术 …… 130

第五章 食用菌栽培 …… 133

第一节 香菇栽培技术 …… 133
第二节 黑木耳栽培技术 …… 144
第三节 平菇栽培技术 …… 157
第四节 羊肚菌栽培技术 …… 167

参考文献 …… 172

第一章　中国蔬菜文化

第一节　中国蔬菜来源

中国是世界古文化中心之一，也是古老的农业中心。在新石器时期的遗址西安半坡原始村落中，发现有菜籽(芸薹类)，距今已有六七千年。栽培蔬菜起源于采集野生植物和相继的栽培驯化。《诗经·谷风》(前11世纪—前477年)中载有采葑(蔓菁、菘菜)、采菲(萝卜)的采集活动；《齐风·东方未明》中有"折柳樊圃"，即折柳枝围菜园准备栽培的活动。在河南省安阳商朝(前1562年—前1066年)都城遗址发掘出来的甲骨文中有"圈""圃"字样，说明3 000年前中国已有园艺式集约栽培的菜园了。

中国地域辽阔，地形差异极大，气候变化甚为复杂，因而形成了各种不同的地理环境与生态条件。植物的水平分布，跨寒温带、中温带、暖温带、亚热带和赤道带，垂直分布，自海拔-155米的吐鲁番盆地至高达8 848米的珠穆朗玛峰。地形有江河、平原、高山、溪谷、湖泽、盆地、沙丘、岛屿、碱地、瀚海及戈壁等。气候类型则以大陆性气候与海洋性气候兼具，年降雨量多或者终年无雨，多者达300毫米以上。另外，从地质史上看，北极的冰河曾数度南下，使许多植物遭冰河之害而致灭绝，然而第四纪的冰河在中国中南部的分布是局部山地冰河，而非横亘全境的整地巨冰，所以冰下植物遭其摧残，而无冰之处的植物则得以继续生存。同时，由于中国内部没有巨大沙漠或海湾等植物传播的障碍，又与欧洲、西伯利亚、印度等地陆陆相连，为植物的传播汇集创造了优越的地理条件。因此，中国的植物种类极多，为世界温带中的最繁富者，其中有许多是古型珍异植物或特产植物。瓦维洛夫在《关于达尔文之后栽培植物起源的学说》(1939—1942年)一文中论述栽培植物有七大中心，中国占有其中两个中心，中国南部的热带包括在南亚热带中心内；中部、东部的温带和亚热带包括在东亚中心内。后来瓦氏(1951年)在《栽培植物的起源、变异、免疫和育种》一文中,将中国从南亚和东亚中心分出,单列出一个中国中心。最后确定将世界的栽培植物起源中心划分为 8 个,而为世界许多学者所公认。在瓦氏分区的基础上,达宁顿等(1945 年、1955 年、1966 年)又将世界的栽培植物起源中心划分为 12 个,中国仍保留为一个独立中心。达氏并没有增辟任何中心,只是把瓦氏的亚区独立出来成为一区。如把中美区北部划出来成为北美中心。瓦氏指出,中国中部和西部山区及相邻的低地乃是栽培植物和世界农业最早和最大的起源中心,原产的蔬菜植物有大豆及其他豆类、竹、十字花科的一些蔬菜、葱、莴苣、茄子、某些葫芦科蔬菜等。所以,中国也应是世界最早的一个驯化蔬菜植物的中心。除驯化本国原产的蔬菜外,又相继驯化从其他起源中心引进的蔬菜植物。

西汉时张骞开辟"丝绸之路",沟通了中国与西北各国的交往,以及随后自东南向外开拓与日本、南洋群岛、欧洲、美洲的海运交往,中国从陆、海两路引入了其他起源中心的蔬菜。这些蔬菜在中国多态的自然条件影响和精耕细作的园艺技术培育下,发生了各种变异,形成了许多新的亚种、变种、类型和品种,使中国又成为许多蔬菜的次生起源中心。因此,中国栽培的蔬菜在植物界中包括的范围之广和种类之多,与世界各国相比,毋庸讳言独占鳌头,为丰富世界蔬菜种质资源作出了巨大贡献。英国著名植物学家勃尔基(1953 年)对此作了一个恰当的评价,他指出:"中国做了许多的起源工作,这是一个特殊的人种与一个特殊的气候斗争的结果。"

中国蔬菜栽培的历史可以追溯到有文字记载以前,传说周朝的先民已经种植大豆、粟、麻、麦、瓜果等作物,正是新石器时期的早期母系氏族社会的神农时代。西安半坡村 6 000 年前仰韶文化遗址的发掘,其出土的文物清楚地说明这一传说的某种真实性。至于文字记载,则散见于夏、商、西周以来浩瀚的典籍之中。通过这些典籍可以追溯中国蔬菜栽培驯化的源流,探寻其演变轨迹。

西周、东周初年至春秋时期黄河中、下游的诗歌总集《诗经》、秦汉期间的辞《尔雅》(公元前 2 世纪)、《吕氏春秋》(公元前 3 世纪)等所录的蔬菜,都属中国固有,且主要在华北地区栽培。蔬菜名称多半以一个字代表,如"菁"(芜菁)、"尗"(大豆)、"葖"(萝卜)、"芰"(菱角)、"杶"(香椿)等。但早期的记载往往一个字代表几种蔬菜,如芜菁、芸薹、萝卜一般笼统地称为"葑"或"菲"。西汉司马迁撰《史记》(公元前 1 世纪前期)、东汉班固撰《汉书》(公元 1 世纪后期)、西汉汜胜之撰《汜胜之书》(公元前 1 世纪后期)、东汉崔寔撰《四民月令》(2 世纪)、西晋嵇含撰《南方草木状》(304 年)、南北朝后魏贾思勰撰《齐民要术》(6 世纪 30 年代或稍后)、唐苏恭等撰《唐本草》(7 世纪 50 年代)、元王祯撰《王祯农书》(1313 年)、明李时珍撰《本草纲目》(1578 年)、明徐光启撰《农政全书》(1628 年)、明王象晋撰《群芳谱》(1621 年)、清鄂尔泰、张廷玉等修《授时通考》(1742 年)、清吴其濬撰《植物名实图考》(19 世纪中期)等所著录的蔬菜,既包括先秦时期中国固有的蔬菜,又包括先秦以后从陆路和海路引入的蔬菜,还包括这些蔬菜的变种、品种。自汉唐到元末引入的蔬菜主要通过“丝绸之路”,蔬菜名称大都冠以“胡”字。明清以后的蔬菜除从陆路引入外,还经海路引进,蔬菜名称大都冠以“番”字或“洋”字。

综上所述,中国蔬菜的来源,最早为本土野生植物的采集、栽培和驯化,继而从陆路和海路引入其他起源中心的蔬菜,并加以改良。

一、中国固有的蔬菜

西周(前 1046 年—前 771 年)、秦(前 221 年—前 206 年)以至汉(前 206 年—公元 220 年)初的古文献中,所载蔬菜的种类,主要是中国黄河中、下游地区的蔬菜,范围包括现在的陕西、河南、湖北、山东、河北等地区。当时中国与外界隔绝,所以该时期食用的蔬菜,无疑绝大多数都原产于中国。在这一地区栽培和采食的主要蔬菜有芜菁、萝卜、芥菜、紫苏、冬寒菜、大豆、大葱、韭菜、薤、甜瓜、姜、百合、萱草、莲藕、菱、水芹、蒲菜、菱白、竹笋、蒿、藜、藻、薇、苹、蓼、卷耳、泽蒜、瓠(葫芦)、芋、香椿等。

西晋嵇含所著《南方草木状》是中国最早的植物学典籍,共举华南植物 79 种,包括草、木、果、竹。稍后又有一些记载南方蔬菜的文献。这些文献所载的蔬菜,虽然见文献较晚,但自古以来即已在当地栽培。蔬菜种类有刀豆、越瓜、冬寒菜、白菜、荠菜、芥菜、苋菜、蕹菜、茼蒿、紫苏、甘露子、芋、山药、姜、百合、金针菜(黄花菜)、丝葱、韭菜、苑、莼菜、苋、菱、莲藕、慈姑、荸荠、水芹、茭白、竹笋、食用菌等,这些蔬菜绝大多数也是中国起源的植物。

甜瓜、芜菁、萝卜、芥菜、葫芦等几种蔬菜在春秋战国时期的古文献中已有记载。如《诗经》《国风・豳风・七月》记载:“七月食瓜(甜瓜),八月断壶(葫芦)”,当然这里的瓜也可能是嫩食的葫芦,《周官・天官・醢人》(公元前 3 世纪)记有:“朝豆之事,其实菁菹”;《吕氏春秋・本味篇》说:“菜之美者,具区之菁”,“菁”就是芜菁,“菹”为腌制品。关于萝卜《尔雅》记载:“葖,芦萉,紫花大根。”芥菜在《左传》有记载。可见,这些蔬菜在中国黄河流域古已有之,但上述蔬菜在国外文献中只记载起源于哪些地方,如萝卜起源中心为地中海沿岸,葫芦是从非洲传到亚洲。海明威(1976 年)认为芥菜系染色体 $x=8$ 的黑芥和染色体 $x=10$ 的芸薹、芜菁等在喜马拉雅山脉地区杂交而形成的异源四倍体,据此则中国为芥菜的第二起源中心。

菱白在古时为野菱,古人称菰,三国时期张揖撰《广雅》(公元 3 世纪前期)说:“菰,蒋也,其米谓之雕胡。”“菰”也叫菰米,在唐朝以前视为珍品,非寻常平民百姓得以食用。因为,茭穗种子成熟期不一又易脱粒,产量极低。东晋葛洪撰《西京杂记》·西京杂记卷一有一段话:“菰之有米者。长安人谓之雕胡……菰之有首者。谓之绿节。”绿节,书名茭白。茭白为“菰”,它的种子叫菰米或雕胡,是“六谷”(稌、黍、稷、粱、麦、菰)之一。嫩芽秆受黑粉菌侵染后花嫩茎秆受黑粉菌侵染后花茎发生肥大的结果,是对病菌具有一定抗性的特征。唐《本草拾遗》记载,“内有黑灰如墨者”的“灰菱”,被称为乌郁,因缺少水分和营养物质,食用品质很差。南宋《分门琐碎录》中记载有防治法:“茭首根逐年移动,生者不黑。”采用分根繁殖的方法,改善茭草的水肥条件,可避免厚垣孢子过早形成。这是中国古代在利用微生物改善蔬菜品质上的一项重要成就。

现代中国农业科学技术史研究成果表明,葵(冬寒菜)、韭、瓜(可能是一种果菜兼用的瓜)、瓠、白菜等是中国最古老的蔬菜,大约出现在西周时的园圃中;春秋战国时期姜、葱、蒜亦已栽培,当时称为荤菜,至今发展成为一类重要的调味蔬菜;先秦时代能确定的人工栽培的水生蔬菜有蒲和芹(水芹),东汉初年在鱼池中种植莲、芡,南北朝时期贾思勰《齐民要术》(6 世纪 30 年代或稍后)首次记载了水生蔬菜如蓴(莼菜)、藕、芡、芰的栽培方法,至今水生蔬菜仍是中国的特产蔬菜。宋代,白菜、萝卜逐渐受到重视,到了明、清时期,白菜、萝卜成为重要的栽培蔬菜,尤其是明代中叶结球白菜的出现,对中国蔬菜生产和消费,产生了重要影响。

二、经陆路引入的蔬菜

西汉时张骞奉汉武帝之命出使西域,正式沟通中国与西北各国的交流。当然实际上已经存在的民间沟通还要更早些。此后每年有 12 批骆驼队沿着这条历史上举世称著的“丝绸之路”的路线西行。当时骆驼队从西安出发穿过河西走廊出嘉峪关,到达新疆罗布泊东邻,如今一片荒芜空寂的废墟楼兰古城,并以此作为中间站稍事休整。然后,开始更加艰巨严酷的长途跋涉,绕过世界最大的沙漠之一塔克拉玛干沙漠的南侧,穿越沙漠西行,过和田、莎车,越过乌孜别里山口走出国境。从此与阿富汗、伊朗、印度以至于非洲、欧洲等地发生影响深远的交流。

继西路开辟之后,于晋唐之际开辟了与越南、柬埔寨、缅甸等东南亚地区的交通。

此后,通过“丝绸之路”经由中亚细亚陆续传入中国的蔬菜有豌豆、蚕豆、扁豆、西瓜、甜瓜、黄瓜、芸薹、菠菜、胡萝卜、白芥(胡戎)、芫荽、大蒜、大葱、小茴香、芹菜、莴苣等。这些蔬菜来自 4 个起源中心,即中亚细亚中心、小亚细亚中心、地中海中心、阿比西尼亚中心。

通过东南亚传入的蔬菜,即从云南、广西与缅甸、柬埔寨、老挝、越南毗连之处的通道进入中国的蔬菜,包括南亚中心印度、缅甸起源的绿豆、矮豇豆、丝瓜、茄子等，印度、马来亚起源的龙爪豆、冬瓜、苦瓜、落葵、魔芋、山药等。

上述蔬菜由陆路传入的时代，只少数有文献可考。秦汉时期有大蒜、芫荽、苜蓿、黄瓜、蚕豆、豌豆；西瓜传入在五代(907 年—960 年)。关于莴苣的记载《钦定授时通考》，说："莴苣一名莴菜，一名千金菜，菜似白苣而尖嫩多皱色稍青折之有白汁四月抽薹高三四尺剥皮生食味清脆糟食亦佳江东人盐晒压实以备方物谓之苣笋农桑通诀谓即野苣"。胡萝卜为元代自西亚传来，菠菜来自波斯，《齐民要术》中未列入，传入中国当在盛唐时代。茄子在《齐民要求》时代还不具重要地位，被列于《种瓜第十四》之后，"果形极小，且为圆茄"。后魏贾思勰撰《齐民要术》"大小如弹丸，园中生食，味如小豆角"。据宋《本草衍义》记载："新罗国(今朝鲜)出一种茄，形如鸡，淡光微紫色，蒂长味甘，今中国已遍有之。"

三、经海路引入的蔬菜

明、清两代(1368—1911 年)中国和外国的海运交通逐渐发达，通过海路引入的蔬菜种类也很多。美洲大陆被发现(1492 年)后，北美、中美中心及南美中心起源的蔬菜都是间接由欧洲经海道传入，计有：墨西哥起源的菜豆、红花菜豆、豆薯、南瓜、西葫芦、笋瓜、佛手瓜、辣椒、甘薯；秘鲁起源的马铃薯、番茄；北美起源的菊芋等。此外还有地中海沿岸起源的甘蓝类蔬菜、四季萝卜、豆瓣菜、香芹、结球莴苣、菜蓟(朝鲜蓟)和伊朗起源的洋葱等，也是经由海道传入的。有些蔬菜虽然在汉代已经由中亚传入，但它们经过欧美改良的新类型如西洋芹菜、菜用豌豆等，也是近代才由海路传入的。凡是由海路传入中国的蔬菜，都不见于明代以前的中国文献。

四、20 世纪 70 年代以来引进的蔬菜

据资料显示，自 1971 年至 2000 年前后的 30 多年间，中国从全球 40 多个国家或地区引入 14 科 48 属 72 种(变种)共 11 410 份蔬菜种质资源。其中种质资源包括：抗番茄花叶病毒(ToMV)、枯萎病、叶霉病等，以及耐热、高固形物和茄红素含量、果柄无离层番茄；抗白粉病及雌性系黄瓜；抗根腐病、砧木用黑籽南瓜；甘蓝的雄性不育系及抗黑腐病种质；花椰菜的雄性不育系、保持系，以及抗鳞翅目害虫和橘黄及持久白色花球的种质；菜豆抗锈病、抗线虫、耐白粉病和病毒病，抗枯萎病、根腐病、白霉病、褐斑病的种质及耐热、耐低温种质；芹菜雄性不育种质。

从以上国外或地区引进的蔬菜种质资源中筛选出的优良蔬菜品种，直接在生产中应用推广的面积已超过 26.1 万公顷，其中有从美国引进的"优胜者"和"供给者"及自荷兰引进的"碧丰"菜豆、日本引进的"久留米丰"豌豆，以及荷兰的早花椰菜和意大利夏芹、冬芹等。

除此之外,还引进了耐热大白菜、耐热萝卜、菊苣、结球生菜、油麦菜、荷兰豆等几十种蔬菜,在生产中迅速推广应用,受到消费者欢迎。

第二节 蔬菜的营养价值

蔬菜的营养物质主要包含矿物质、维生素、纤维等,这些物质的含量越高,蔬菜的营养价值也越高。此外,蔬菜中的水分和膳食纤维的含量也是重要的营养品质指标。通常,水分含量高、膳食纤维少的蔬菜鲜嫩度较好,其食用价值也较高。但从保健的角度来看,膳食纤维也是一种必不可少的营养素。蔬菜的营养素不可低估,1990 年国际粮农组织统计人体必需的维生素 C 有 90%、维生素 A 有 60%均来自蔬菜,可见蔬菜对人类健康的贡献之巨大。此外,蔬菜中还有多种植物化学物质是被公认的对人体健康有益的成分,如类胡萝卜素、二丙烯化合物、甲基硫化合物等。许多蔬菜还含有独特的微量元素,对人体具有特殊的保健功效,如番茄中的番茄红素、洋葱中的前列腺素 A 等。

一、矿物质

人体组织中含有 20 多种矿物质,它们的作用是构成身体组织、调节生理功能和维持人体健康。蔬菜中含有钙、铁、磷、钾、镁等矿物质,是人体矿物质元素的主要来源。如菠菜、芹菜、甘蓝、黄花菜含铁较多,绿叶菜含钙较多,海带、紫菜含碘较多,而大蒜、胡萝卜、洋葱含硒较多。

二、维生素

蔬菜中含有对人体极为重要的各种维生素,如果人体缺乏就会引起各种疾病。大多数维生素在人体内不能自身合成,必须靠食物供给。维生素 C 在蔬菜中普遍存在,含量最高的是辣椒,其次是芹菜、菜花、番茄及各种绿叶菜。有些类胡萝卜素,在体内可转变成维生素 A,它在各种绿叶蔬菜和橙色蔬菜中含量丰富。芫荽、马铃薯、金针菜等蔬菜中含有较多的维生素 B_1,而白菜、菠菜、雪里蕻中含有较多的维生素 B_2。人体每天需要维生素 A 约 3 毫克、维生素 C 50～100 毫克、维生素 B_1 约 2 毫克、维生素 B_2 约 2 毫克。

三、膳食纤维

膳食纤维包括纤维素、半纤维素、木质素和果胶等成分。蔬菜中含有丰富的膳食纤维，如韭菜、蒜苗、蕹菜、黄豆芽、苦瓜等的膳食纤维含量都在 1% 以上，金针菜的膳食纤维含量高达 6.7%，海带中膳食纤维含量则高达 9.8%。膳食纤维虽不易被人体消化吸收，但它能增进胃肠蠕动，促进食物的消化和吸收，并加速食物中的致癌物质和有毒物质的移除，防止肠道疾病。同时，摄入膳食纤维还可控制进食，抑制胆固醇上升，有利于减肥和防止心脑血管疾病的发生。因此，膳食纤维被营养学界补充认定为第七类营养素和传统的六类营养素——蛋白质、脂肪、碳水化合物、维生素、矿物质与水并列。

蔬菜是我们生活中必需的食物，与其他食物相互配合、相互分工，同为人体不可缺少的食物，蔬菜不能被其他食物代替。同时，由于它含热量很少，所以也不能完全代替其他食物。此外，蔬菜的营养还因品种、栽培季节、土壤肥力、栽培技术、采收期、贮藏、加工条件、烹调方法和技术、食用部分的不同而有所变化。我们应创造适宜的条件来提高蔬菜的营养价值。

第三节 蔬菜分类方法

一、植物学分类法

植物学分类法是依照植物自然进化系统，按照科、属、种和变种进行分类的方法。采用植物学分类可以明确科、属、种之间在形态上、生理上的关系，以及遗传学、系统进化上的亲缘关系，对于蔬菜的轮作倒茬、病虫害防治、种子繁育及生产管理等有较好的指导作用。常见蔬菜按科分类如下。

(一)双子叶植物

(1)十字花科 萝卜、芜菁、芜菁甘蓝、芥蓝、结球甘蓝、抱子甘蓝、羽衣甘蓝、花椰菜、青花菜、球茎甘蓝、小白菜、结球白菜、乌塌菜、叶用芥菜、茎用芥菜、芽用芥菜、根用芥菜、辣根、豆瓣菜、荠菜。

(2)葫芦科 黄瓜、甜瓜、南瓜(中国南瓜)、笋瓜(印度南瓜)、西葫芦(美洲南瓜)、西瓜、冬瓜、瓠瓜(葫芦)、丝瓜、苦瓜、佛手瓜、蛇瓜等。

(3)茄科 番茄、茄子、辣椒、马铃薯、酸浆。

(4)豆科 菜豆、豌豆、蚕豆、豇豆、毛豆、扁豆、刀豆、矮刀豆、苜蓿、豆薯、四棱豆。

(5)伞形科 芹菜、香芹、水芹、大叶芹、芫荽(香菜)、胡萝卜、茴香、美洲防风。

(6)菊科 莴苣(莴笋、长叶莴苣、皱叶莴苣、结球莴苣)、茼蒿、菊芋、苦苣、紫背天葵、牛蒡、朝鲜蓟、蒲公英。

(7)藜科　根用甜菜、叶用甜菜、菠菜。

(8)落葵科　红花落葵、白花落葵。

(9)苋科　苋菜。

(10)番杏科　番杏。

(11)旋花科　蕹菜。

(12)唇形科　薄荷、草石蚕。

(13)锦葵科　红秋葵、绿秋葵、黄秋葵、冬寒菜。

(14)楝科　香椿。

(15)睡莲科　莲藕。

(二)单子叶植物

(1)百合科　黄花菜、芦笋、卷丹百合、洋葱、韭葱、大蒜、大葱、分葱、韭菜、薤。

(2)姜科　生姜。

(3)天南星科　芋、魔芋。

(4)薯芋科　普通山药、甘薯(大薯)。

(5)禾本科　毛竹笋、麻竹、甜玉米、茭白。

二、食用器官分类法

食用器官分类法的特点是把食用器官相同的归为一类蔬菜,其栽培方法及生物学特性也大体相同。例如,根菜类中的萝卜和胡萝卜,虽然它们分别属于十字花科及伞形科,但它们对于外界环境及土壤的要求都很相似,因此采取的栽培技术措施也较为一致,所以这种分类方法对掌握蔬菜生产关键技术有一定的意义。但也有食用器官相同,生育特性及栽培方法却有很大差异的,例如花菜类中的花椰菜和黄花菜,它们的栽培方法相差很远。还有一些蔬菜在栽培方法上虽然很相似,但食用部分大不相同,例如球茎甘蓝、结球甘蓝、花椰菜,三者要求的外界环境相似,但分属于茎菜类、叶菜类、花菜类。根据这种分类方法将蔬菜分为下列5类。

1. 根菜类

(1)肉质根类　以肥大的肉质直根为产品,如萝卜、芜菁、胡萝卜、根用甜菜、根用芥菜等。

(2)块根类　以肥大的不定根或侧根为产品,如豆薯、甘薯等。

2. 茎菜类

(1)肉质茎类(肥茎类)　以肥大的地上茎为产品,如莴笋、茭白、茎用芥菜(榨菜)、球茎甘蓝等。

(2)嫩茎类　以萌发的嫩茎为产品，如芦笋、竹笋等。

(3)块茎类　以肥大的地下块状茎为产品，如马铃薯、菊芋等。

(4)根茎类　以肥大的地下根状茎为产品，如生姜、莲藕等。

(5)球茎类　以地下的球状茎为产品，如慈姑、芋等。

(6)鳞茎类　以肥大的假茎或侧芽为产品，如洋葱、大蒜、食用百合、薤等。

3. 叶菜类

(1)普通叶菜类　以鲜嫩的叶或叶丛为产品，如小白菜、乌塌菜、茼蒿、菠菜、苦苣等。

(2)结球叶菜类　以肥大的叶球为产品，如大白菜、结球甘蓝、结球莴苣、抱子甘蓝等。

(3)香辛叶菜类　具有香辛味的叶菜，如大葱、分葱、韭菜、芹菜、芫荽、茴香等。

4. 花菜类

(1)花器类　如黄花菜、朝鲜蓟等。

(2)花枝类　如花椰菜、青花菜、菜薹等。

5. 果菜类

(1)瓠果类　以下位子房和花托发育而成的果实为产品，如黄瓜、南瓜、西瓜、甜瓜等。

(2)浆果类　以胎座发达而充满汁液的果实为产品，如茄子、番茄、辣椒。

(3)荚果类　以脆嫩荚果或其豆粒为产品的豆类蔬菜，如菜豆、豇豆、豌豆等。

(4)杂果类　主要指甜玉米、菱角等上述3种以外的果菜类蔬菜。

三、农业生物学分类法

此种分类方法是从农业生产的要求出发，将生物学特性和生产技术基本相似的蔬菜归为一类，比较符合农业生产特点。具体分为以下几类。

1. 根菜类

根菜类主要以膨大的肉质直根为产品的蔬菜，包括萝卜、胡萝卜、根用芥菜、芜菁甘蓝、芜菁、牛蒡、根用甜菜等。这类蔬菜适宜冷凉的气候，一般在生长的第一年形成肉质根，贮藏大量养分，到第二年开花结实。在低温下通过春化，再经过长日照条件才能开花结实。均用种子繁殖。生产上需要疏松的土壤，充足的钾肥。

2. 白菜类

白菜类蔬菜柔嫩的叶丛、叶球、花球、肉质茎可供食用，包括大白菜、花椰菜和结球甘蓝等。均用种子繁殖，适宜冷凉湿润的气候。植株生长迅速，根系较浅，要求保肥保水的土壤，对氮肥要求较高。大多为二年生，第一年形成产品器官，第二年抽薹开花,在生产上要防止先期抽薹。

3. 茄果类

茄果类主要包括茄子、番茄及辣椒。这3种蔬菜在生物学特性及生产技术上很相似,均以果实为产品。要求肥沃的土壤和较高的温度,不耐寒冷,只能在无霜期生长。在生产上需要注意调节营养生长与生殖生长的平衡关系。

4. 瓜类

瓜类包括南瓜、黄瓜、西瓜、甜瓜、瓠瓜、冬瓜、丝瓜、苦瓜、蛇瓜等。为一年生蔬菜,茎为蔓性,多雌雄同株异花授粉,要求较高的温度和充足的阳光,尤其是西瓜和甜瓜,适于昼热夜凉的大陆性气候及排水良好的土壤。在生产上可利用摘心、整枝等来控制营养生长与开花结实的关系。

5. 豆类

豆类包括菜豆、豇豆、扁豆、毛豆、豌豆及蚕豆等,均为豆科植物。除豌豆和蚕豆要求冷凉的气候外,其他均要求温暖的环境。具有根瘤,可固定空气中的氮素。

6. 绿叶菜类

绿叶菜类以幼嫩的绿叶或嫩茎为食用器官的蔬菜,主要包括莴苣、芹菜、菠菜、茼蒿、小白菜、苋菜、蕹菜等。这类蔬菜中苋菜、蕹菜耐热,其他多喜冷凉。大多数为二年生,种子繁殖。生长迅速,植株矮小,生长期短适宜间套作。生产中要求充足的肥水,特别是速效氮肥。

7. 葱蒜类

葱蒜类包括洋葱、大蒜、大葱、韭菜等。单子叶,须根系。要求土壤湿润肥沃,气候温和,能耐寒,除了韭菜、四季葱以外,到了炎热的夏天地上部都会枯萎。洋葱、大蒜在长日照条件下形成鳞茎。大葱、洋葱幼苗达到一定标准后会感受低温春化而抽薹开花。可用种子繁殖(洋葱、大葱、韭菜),也可用营养繁殖(大蒜、分葱、韭菜等)。

8. 薯芋类

薯芋类以地下块根或块茎为食用器官的蔬菜,包括马铃薯、山药、芋、姜等。富含淀粉,耐贮藏。均用营养繁殖。除马铃薯生长期短,且不耐炎热外,其他薯芋类蔬菜都较耐热,生长期亦较长。

9. 水生蔬菜

水生蔬菜包括藕、茭白、慈姑、荸荠、菱和水芹等生长在沼泽地的蔬菜。此类蔬菜要求在池塘和沼泽浅水区栽培,除菱和芡实外,都采用营养繁殖。生长期间要求炎热的气候和肥沃的土壤。

10. 多年生蔬菜

多年生蔬菜包括竹笋、黄花菜、芦笋、香椿、百合等，一次繁殖以后，可以连续采收数年。

11. 其他蔬菜类（芽苗蔬菜和野生蔬菜）

其他蔬菜类为利用作物种子或其他器官（如根、枝条等）生长出可供食用的嫩芽或嫩苗。用种子生产的叫种芽菜，如黄豆芽、绿豆芽、香椿芽、豌豆芽、萝卜芽、荞麦芽、苜蓿芽苗。用营养体（根、枝条等）生产的叫作体芽菜，未经栽培驯化而生长在自然条件下的可提供食用的野生植物，其营养成分大多高于栽培的蔬菜，包括马齿苋、蕨菜、刺五加、大叶芹、苋菜、蒲公英、苦菜等。

12. 食用菌类

食用菌又称食用真菌，是指高等真菌中可供人类食用的大型真菌，有“菇”“菌”“芝”“耳”“蕈”“蘑”，如香菇、木耳、块菌、虫草、口蘑等。

第四节　食用菌类蔬菜

一、食用菌分类

食用菌不是植物，而是属于生物中的微生物界（菌物界）真菌门的担子菌纲和子囊菌纲。作为一种特殊的蔬菜种类，在农业生物学分类法中可发现其身影。食用菌绝大多数属于担子菌纲，少数属于子囊菌纲，每一种食用菌在不同地区常有不同的名称，有的是同种异名，如同为一种侧耳，在不同地区就有冻菌、平菇、平蘑或平茸等不同名称；有的是同名异种，如同称为“冬菇”的，有的地区是指香菇，有的地区却是指毛柄金钱菌。所以，当地通用的俗名虽然描述性强，通俗易懂，但局限性大，容易混乱，也不便于科技交流。用双名法定出某一种食用菌的名称，第一个是属名，用拉丁文的名词；第二个是种名，用拉丁文的形容词。目前，我国已发现食用菌有 1 000 多种，隶属于 166 个属，54 个科，14 个目。

（一）子囊菌亚门中的食用菌

少数食用菌属于子囊菌纲，特点：种类少，经济价值高，多为野生菌。约属于 7 个科，包括块菌科、腔地菇科、盘菌科、肉盘菌科、羊肚菌科、马鞍菌科、麦角菌科等。它们的子实体大都是盘状、鞍状、钟状或脑状。

（1）块菌科　包括白块菌、夏块菌、黑孢块菌等菌类，这些菌类有着独特的味道和营养保健价值，被誉为“菌中之王”。

(2)羊肚菌科　包括羊肚菌、尖顶羊肚菌、黑脉羊肚菌等,也都是味道鲜美的食用菌。

(3)马鞍菌科　包括马鞍菌、棱柄马鞍菌。

(4)麦角菌科　本科大多为高等植物昆虫或其他真菌上的寄生菌。最重要的是麦角属和虫草属,如冬虫夏草。

(5)地菇科　包括网孢地菇、瘤孢地菇。

这些食用菌,种类少,经济价值高,且多为野生菌。如何做好它们的野生驯化、半人工栽培及人工栽培都具有十分重要的意义,也是食用菌研究开发的好方向。

(二)担子菌亚门中的食用菌

绝大多数食用菌属于担子菌纲。隶属于40个科,大致可分为四大类群:耳类、非褶菌类、伞菌类及腹菌类。

1. 耳类

耳类包括银耳目、木耳目、花耳目的食用菌,常见种类有:

(1)银耳科　代表菌有银耳、茶色银耳、金耳、橙黄银耳、血耳等。银耳、金耳是著名的食用兼药用食用菌。

(2)木耳科　代表菌有木耳、毛木耳、褐黄木耳、皱木耳、大毛木耳等。木耳是食用兼药用的著名食用菌。

2. 非褶菌类

非褶菌类指非菌褶目的可食用菌类,包括珊瑚菌科、杯瑚菌科、枝瑚菌科、绣球菌科、灵芝等。

3. 伞菌类

伞菌类包括伞菌目、牛肝菌目、鸡油菌目、红菇目的食用菌。其中以伞菌目食用菌种类最多,常见栽培种类有平菇、草菇、金针菇、双孢蘑菇、香菇、鸡腿菇、大肥菇等。

(1)侧耳科　糙皮侧耳、紫孢侧耳、佛州侧耳、鲍鱼侧耳等。

(2)口蘑科　金针菇、姬松茸、松口蘑、大杯伞等。

(3)光柄菇科　草菇、灰光柄菇等。

(4)蘑菇科　双孢蘑菇、草地蘑菇等。

(5)球盖菇科　滑菇、大球盖菇等。

(6)粪锈伞菇　杨树菇、田头菇等。

(7)鬼伞科　毛头鬼伞、鸡腿菇等。

(8)鸡油菌科　鸡油菌、白鸡油菌、小鸡油菌等,在国际市场上很受青睐。

(9)牛肝菌科　美味牛肝菌、松乳牛肝菌、松塔牛肝菌、黑牛肝菌等。

(10)红菇科　大白菇、黑菇、正红菇、变色红菇、松乳菇等。

4. 腹菌类

腹菌类包括须腹菌科、灰色菇科、鬼笔目、腹菌目等可食用的菌类。常见的菌类有：

(1)须腹菌科　红须腹菌、柱孢须腹菌等。

(2)灰色菇科　荒漠胃腹菌。

(3)鬼笔目　鬼笔科的红鬼笔、长裙竹荪、短裙竹荪菌。

二、食用菌的生理类型

真菌是自然界分布最广的一群生物。由于不能进行光合作用，所有的真菌都属于异养生物。但是它们的营养类型多、适应力强，所以能够利用各种不同的有机物质，在特定的环境中生长、繁衍。食用菌通过以下几种方式获取营养。

1. 腐生

从动植物残体或无生命的有机物中吸取养料的食用菌，称为腐生菌。此类菌数量最大，分布最广，在自然界有机质的分解和转化中起重要作用。根据腐生对象分为木生菌、粪草生菌、土生菌3个生态群。

(1)木生菌　从木本植物残体中吸取养料的菌，也称木腐菌。木腐菌一般不侵染活的树木，多生长在枯立木、倒木、树桩及断枝上，常以木质素和半木质素为优先利用的碳源，也能利用纤维素。常在枯木的形成层生长，使木材变腐充满白色菌丝。有的对树种适应性广(如香菇等)，有的适应范围较狭(如茶新菇等)。人工栽培时，可用段木或代料栽培，如香菇、木耳等。

(2)粪草生菌　从草本植物残体或腐熟有机肥料中吸取养料的食用菌。多生长在腐熟的堆肥、厩肥、烂草堆或有机肥料上，优先利用纤维素，几乎不能利用木质素，如草菇、双孢蘑菇、鸡腿菇等。人工栽培时，主要选择秸秆、麦草、稻草、畜禽粪、圈肥为培养料。

(3)土生菌　多生长在腐殖质较多的落叶层、草地、肥沃田野等场所。如羊肚菌、马勃、竹荪等。

木生菌及粪草生菌较易于驯化，在人工栽培的食用菌中占绝大多数，而土生菌的驯化较难，且产量也较低。目前，进行商业性栽培的菇类几乎都是腐生菌，但在实际生产中要根据它们的营养生理来选择合适的培养料。

2. 寄生

生活于寄主体内或体表，从活细胞中吸取养料的食用菌。在食用菌中，专性寄生极少见，多为兼性寄生(以腐生为主)或兼性腐生(以寄生为主)。如蜜环菌菌丝常寄生或腐生于树根、树干的组织内，导致树木的腐朽。可以在树木的死亡部分营腐生生活，一旦侵入活细胞后就转为寄生生活，导致树木发病。灵芝、金针菇、猴头菇等虽然都是腐生菌，但在一定条件下，也能侵染活树木，在林地栽培时应采取防护措施（属兼性寄生）。而虫草菌侵染鳞翅目蝙蝠蛾幼虫，在虫体内吸取营养，生长繁殖，使虫体僵化，适宜条件下形成菌和虫的复合体——如冬虫夏草（属兼性腐生）。已知虫草属的种类约 34 种。

3．共生

能与高等植物、昆虫、原生动物或其他菌类相互依存、互利共生的食用菌。最典型的共生性食用菌是菌根菌。菌根是菌根菌与高等植物根系结合形成的共生体，大多数森林蘑菇都属于菌根菌。菌根菌与树种的共生有选择性，有的与木本植物共生，如牛肝菌、块菌、松乳菇等；有的与草本植物共生，如口蘑等。外生菌根是菌根菌的菌丝紧密包围在根系根毛外周，形成菌套，菌根菌不侵入根的内部细胞，生活在根细胞间隙中蔓延生长为外生菌根。外生菌根取代了植物根系根毛的作用，扩大根毛吸收面积，菌根菌能分泌生长素，被植物吸收利用。而植物也为菌根菌提供光合作用所产生的碳水化合物。内生菌根是菌根菌的菌丝侵入根细胞内部为内生菌根。内生菌根的食用菌很少，人工成功栽培的范例是天麻和蜜环菌。食用菌形成菌根，是长期在自然环境中形成的一种生态关系。当这种关系受到破坏或改变时，无论植物或食用菌的生活都会受到不良影响甚至不能正常生活。因此，目前这类食用菌的人工栽培较困难，取得成功的不多。菌根菌中有不少优良品种，但还没有驯化到可以完全人工栽培，是开发的一个方向。腐生菌、寄生菌和共生菌都是自然界物质大循环的主要参与者。

第二章 蔬菜栽培基础

第一节 蔬菜栽培基本制度

蔬菜的栽培制度是指在一定时间内，在一定土地面积上，各种蔬菜安排布局的制度。它包括因地制宜扩大复种面积，提高复种指数，采用轮作、间作、混作、套作等技术来安排蔬菜栽培的次序，并配合以合理的施肥、灌溉制度，土壤耕作与休闲制度，即通常所说的“茬口安排”。合理的蔬菜栽培制度能充分体现我国农业精耕细作的优良传统，其优点在于广泛采用间套作，使复种指数增加，能合理利用日光能和土壤肥力，减轻病虫为害，达到全年均衡供应多样化的新鲜产品。

一、连作和轮作

(一)连作

连作又称“重茬”，指在同一块土地上，不同茬次或不同年份连续栽培同一种蔬菜。同类蔬菜连续种植，可造成土壤中某一种或某几种养分吸收过多或过少，使土壤中养分不平衡；同类蔬菜根系深浅相同，使土壤各层次养分利用不合理；同类蔬菜有共同的病虫害，连续种植发病严重；某些蔬菜的根系能分泌出有机酸和某种有毒物质，改变土壤结构和性质，可导致土壤酸碱度的变化。

(二)轮作

轮作又称“换茬”或“倒茬”，在同一块土地上，按照一定年限轮换种植几种性质不同的蔬菜。轮作不仅可有效避免连作危害，而且是合理利用土壤肥力、减轻病虫害的有效措施。在轮作设计时应掌握以下原则：

(1)吸收土壤营养不同　根系深浅不同的蔬菜互相轮作。叶菜类吸收氮肥较多，根茎类吸收钾肥较多，果菜类吸收磷肥较多，可轮流栽培。深根性的根菜类、茄果类，应与浅根性的叶菜类、葱蒜类轮作。

(2)互不传染病虫害　同科蔬菜常常感染相同的病虫害,制订轮作计划时,每年调换种植性质不同的蔬菜,使病虫失去寄主或改变生活条件,达到减轻或消灭病虫害的目的。粮菜轮作、水旱轮作对控制土传性病害效果显著。

(3)改善土壤结构　在轮作制度中适当配合豆科、禾本科蔬菜,可增加有机质,改善土壤结构。

(4)考虑不同蔬菜对土壤酸碱度的要求　如种植甘蓝、马铃薯后能增加土壤酸度,而种植玉米、南瓜后能降低土壤酸度,对土壤酸度敏感的洋葱作为玉米、南瓜的后作可获较高产量,作为甘蓝的后作则减产。豆类的根瘤菌给土壤遗留较多的有机酸,连作常导致减产。

(5)考虑前茬作物对杂草的抑制作用　前后作物配置时,注意前作对杂草的抑制作用,为后作创造有利的生产条件。胡萝卜、芹菜等生长缓慢,抑制杂草能力较弱,葱蒜类、根菜类也易遭杂草为害,南瓜、冬瓜、甘蓝、马铃薯等抑制杂草能力较强。

由于蔬菜的种类很多,可将白菜类、根菜类、葱蒜类、茄果类、瓜类、豆类、薯芋类等各种蔬菜轮换栽培。同类蔬菜对于营养的需求大致相同,发生的病虫害大致相同,在轮作中可作为一种作物处理。不同类而同科的蔬菜不宜互相轮作。多数绿叶菜类蔬菜生长期短,应配合在其他作物的轮作区中栽培,一般不独自占一个轮作区。

(三)蔬菜作物轮作年限

蔬菜作物轮作年限主要依据蔬菜种类、病虫害种类及为害程度、环境条件等不同而异。白菜、芹菜、甘蓝、花椰菜、葱蒜类等在没有严重发病的地块上可以连作几茬,但需增施有机肥;需2～3年轮作的有黄瓜、辣椒、马铃薯、山药、生姜等;需3～4年轮作的有大白菜、番茄、茄子、甜瓜、豌豆、芋、茭白等;需6年以上轮作的有西瓜等。总体来说,禾本科蔬菜耐连作;十字花科、百合科、伞形花科蔬菜也较耐连作,但以轮作为佳。茄科、葫芦科(南瓜除外)、豆科、菊科蔬菜不耐连作。

二、间混套作

将两种或两种以上蔬菜隔畦、隔行或隔株同时有规律地栽培在同一块地上,称间作。

将两种或两种以上蔬菜同时不规则地混合种植的方式,称混作。

利用某种蔬菜在田间生长的前期或后期,于畦(行)间种植另一种蔬菜的方式,称套作。

合理的间混套作,就是将两种或两种以上的蔬菜,根据不同的栽培习性,组成一个复合群体，通过合理的群体结构，使单位面积内植株总数增加，并能有效地利用光能与地力、时间与空间，造成“相互有利”的环境，可减轻病虫杂草为害。间混套作是我国蔬菜栽培制度的一个显著特点，它能够增加复种指数，提高蔬菜单位面积产量和总产量，是实行排开播种，增加花色品种和淡季蔬菜供应的一个重要措施。实施间混套作，应掌握以下原则：

1. 合理搭配蔬菜种类和品种

在选择蔬菜种类与品种时，应注意高秆作物与矮秆作物结合，叶片直立型与水平型结合，深根性蔬菜与浅根性蔬菜结合，早熟品种与晚熟品种结合，喜强光蔬菜和耐弱光蔬菜搭配种植。保证两种蔬菜生长期间互不抑制，对养分的吸收要互补。

2. 安排合理的田间群体结构

安排合理的主副作物配置比例，在保证主作蔬菜密度与产量的条件下，适当提高副作蔬菜密度与产量。田间种植时加宽行距，缩小株距，在保证主作蔬菜密度和产量的前提下改善通风透光条件。实行套作时使前茬的后期和后茬的苗期共生，互不影响生长，尽量缩短两者的共生期。

3. 采取相应技术措施

间套作要求较多的劳力、较高土壤肥力和技术条件，同时从种到收，要随时采取相应农业技术措施，降低主副作物之间相互影响。

三、多次作和重复作

在同一块土地上一年内连续栽培多种蔬菜，可收获多次的，称多次作，或称复种制度。重复作是指在一年的整个生长季节或一部分季节内连续多次栽培同一种作物。多用于绿叶菜或其他生长期短的作物，如小白菜、小萝卜等。我国各地多次作（复种）制度从北到南基本上可归纳为两年三熟、一年两熟、两年五熟、一年三熟、一年多熟等类型。

第二节　栽培季节与茬口安排

一、露地蔬菜栽培季节与茬口安排

1. 露地蔬菜栽培季节确定的基本原则

露地蔬菜生产是以高产优质为主要目的，因此确定栽培季节时，应将所种植蔬菜的整个栽培期安排在其能适应的温度季节里,而将产品器官形成期安排在温度条件最适宜的月份。

2. 露地蔬菜栽培茬口

(1)早春茬　利用风障等保护设施,在早春播种小白菜、小萝卜、菠菜、茼蒿等耐寒性较强的速生性菜类,供应早春淡季市场,其生长期短,经济效益较好。

(2)春茬　一般于早春播种或冬季育苗,春季定植,春末或夏初开始收获,是全年露地生产的主要茬口,也是夏季市场蔬菜的主要来源。适合春茬种植的蔬菜种类比较多。耐寒或半耐寒性蔬菜一般于早春土壤解冻后在露地直播,喜温性蔬菜一般于冬季或早春在设施内育苗,终霜后定植于露地,入夏后大量收获上市。

(3)夏茬　一般于春末至夏初播种或定植,以解决 8—9 月淡季供应,主要种类有黄瓜、豇豆、菜豆、冬瓜、茄子、辣椒等,选用的大多是耐热性较强的种类和品种。

(4)秋茬　一般于夏末秋初播种或定植,中秋后开始收获,秋末冬初收获完毕,栽培面积较大,主要供应秋冬季蔬菜市场。主要种类有大白菜、甘蓝、花椰菜、萝卜、胡萝卜、芥菜、芹菜、菠菜、莴笋等。

(5)越冬茬　在晚秋或上冻前播种,以种子或一定大小幼苗越冬,翌年早春返青,供应市场,主要种类有菠菜、葱、韭菜等。这一茬投入较少,成本较低,经济效益较好,但要根据当地的气候条件等选择适宜的种类和品种,确定适宜播种期。

二、设施蔬菜栽培季节确定的基本原则及茬口安排

1. 设施栽培季节确定的基本原则

设施蔬菜生产成本高,栽培难度大。应以高效益为主要目的来安排栽培季节,即将所种植蔬菜的整个栽培期安排在能适应的温度季节里,而将产品器官形成期安排在该种蔬菜露地生产淡季或产品供应淡季。

2. 设施蔬菜栽培茬口

(1)冬春茬　是日光温室栽培难度最大、经济效益最高的茬口。一般于 10 月 1 日前后播种或定植,入冬后开始收获,翌年春天结束生产。主要栽培喜温性果菜类,对于一些保温条件较差的温室,也可进行韭菜、芹菜等耐寒性较强的蔬菜栽培。

(2)春早熟栽培　是日光温室和塑料大棚的主要茬口,以栽培喜温性果菜类为主。东北地区利用温室育苗,保温性能较好的日光温室可于 2—3 月定植,塑料大棚可于 3 月下旬至 4 月定植,产品始收期可比露地提早 30～60 天。

(3)越夏栽培　利用温室大棚骨架覆盖遮阳网或防虫网,栽培一些夏季露地栽培难度较大的果菜类或喜冷凉的叶菜类蔬菜(白菜、菠菜等),于春末夏初播种或定

植,7—8 月收获上市。

(4)秋延后栽培　是塑料大棚主要茬口。一般于 7—8 月播种或定植,生产番茄、黄瓜、菜豆等喜温性果菜类蔬菜,供应早霜后的市场,也用于一部分叶菜类的延后生产。

(5)秋冬茬　是日光温室主要茬口,一般于 8 月前后播种或育苗,9 月定植,10 月开始收获直到春节前后。以栽培喜温性果菜类为主,前期高温强光,植株易旺长,后期低温寡照,植株易早衰,栽培难度较大。

第三节　蔬菜的生长发育

一、生长与发育

生长是量的变化,是由于细胞的数目增多或体积增大以及细胞内部内含物的增加而导致植物体体积和重量的增加,这种增加是不可逆的。如蔬菜的根、茎,叶的增大、增多,都是生长现象。

发育是质的变化,是细胞分化导致的植物体的构造和机能逐渐复杂化的过程,是形成新组织、新器官的过程。如花、果实、种子的形成都是发育现象。

二、生长与发育的关系

植物生长和发育的基础都是细胞的变化,细胞的分裂和生长引起植物生长,细胞的分化导致植物发育。生长是量变,是基础。发育是质变,是在生长基础上进行的高层次变化,植物只能开始生长后才进行发育,两者处于一个统一体中,相继又重复出现。

三、蔬菜的生长与发育

由于蔬菜种类的多样性,其生长发育的速度和特性是多种多样的。根据它们生长周期的长短可将蔬菜植物分成 4 类:一年生蔬菜,它们在播种当年就开花结实(如黄瓜、茄子、辣椒、菜豆等);二年生蔬菜,它们在播种的第一年形成贮藏器官,第二年春季开花结实(如大白菜、萝卜等);多年生蔬菜,即一次播种或栽植后,可多年采收(如石刁柏、金针菜等);无性繁殖蔬菜,这类蔬菜在生产上是用营养器官,如块茎、块根或鳞茎等进行繁殖的(如马铃薯、生姜等)。就某种蔬菜的一个生长发育周期而言,可以分为种子时期、营养生长时期和生殖生长时期 3 个时期,每个时期又可细分为不同的阶段。

1. 种子时期

从母体卵细胞受精形成合子开始到种子发芽为止,经历种子形成期和种子休眠期。

(1)种子形成期　从卵细胞受精到种子成熟。这一过程是在种子的母体上进行的,需要营养物质的合成和积累,受外界环境的影响很大,栽培上这一时期要给母体植株提供良好的环境条件,以提高种子的质量和生活力。

(2)种子休眠期　种子成熟后大多有不同程度的休眠期。这一时期的种子代谢水平低,低温干燥的环境条件可以保持种子更长的寿命。种子经一段休眠以后,遇到适宜的环境便萌发。

2. 营养生长时期

从种子萌动开始至营养生长完成,再至开始花芽分化,一般经历 4 个时期。

(1)发芽期　从种子萌动到真叶出现。种子发芽时所需要的能量主要靠种子本身的贮藏物质,所以要选择籽粒饱满且发芽力强的种子,并给其提供适宜的环境条件。

(2)幼苗期　从真叶出现开始,结束的标志因蔬菜种类而异。这个阶段植株生长代谢旺盛,光合作用制造的营养物质及根系吸收的养分大部分都用于根、茎、叶的生长需要。此时期植株较小,对环境要求严格。环境条件不好,就会阻碍植株的生长发育。多数的果菜类蔬菜在这一时期就开始花芽分化,所以环境的好坏会影响果菜类结果质量。由于幼苗对温度的适应性很强,具有一定的可塑性,所以在这个时期对秧苗进行锻炼。

(3)营养生长盛期及养分积累期　幼苗期结束后就进入营养生长盛期,这个时期植株的茎叶和根系旺盛生长,形成强大的吸收和同化体系,为下一阶段的养分积累奠定基础。栽培上,要创造适宜根系和茎叶生长的环境条件。对于以营养器官为产品的蔬菜,营养生长旺盛期结束后,开始进入养分积累期,即形成产品器官的时期。养分积累期对环境条件的要求比较严格,要把这一时期安排在适宜养分积累的环境条件下。

(4)贮藏器官休眠期　对于二年生或多年生蔬菜,贮藏器官形成之后进入休眠期。蔬菜休眠分为生理休眠和强迫休眠两种。如马铃薯、大蒜、洋葱的休眠是由蔬菜本身的遗传性决定的,不管外界环境是否适宜,必须要经历一段时间的休眠,这样的休眠是生理休眠。大部分蔬菜如大白菜、萝卜等的休眠一旦遇到适宜的生长条件,就可打破休眠,这样的休眠是强迫休眠。休眠中的植物个体内仍进行着缓慢的生理活动,同时消耗着贮存的营养,活动强度与环境密切相关。因此,应注意控制贮存环境条件，尽量减少营养物质消耗，使蔬菜安全度过不适季节，有充足的营养时进行再次生长。

3. 生殖生长时期

从植株开始花芽分化到新的种子形成为止，一般经历花芽分化期、开花期和结果期3个时期。

（1）花芽分化期　由开始花芽分化到开花前的一段时间。花芽分化是植物由营养生长过渡到生殖生长的形态特征。果菜类蔬菜一般在幼苗期就已开始花芽分化，二年生蔬菜一般在产品器官形成以后，且通过春化阶段后才开始花芽分化。在栽培上，这个时期要提供适宜花芽分化的环境条件。

（2）开花期　从植株现蕾开花到授粉、受精完成，是生殖生长的一个重要时期。开花过程对外界环境条件要求严格，抗逆性差，对光照、温度及水分的反应敏感，如温度过高或过低，光照不足或过于干燥等，都会妨碍授粉、受精的正常进行而引起落花落蕾。生产上在此时期应尽可能满足植物开花对温度、光照等环境条件的要求，提高授粉、受精质量，减少落花落果。

（3）结果期　授粉、受精后子房开始膨大到果实形成。对于一年生的果菜类蔬菜来说，结果期是形成产量的重要时期，果实膨大的营养来源是叶片的光合作用，植株一边要开花结果，一边还要营养生长，所以栽培上要保证充足的肥水条件。

上述只是蔬菜通常的生长发育过程，不是每种蔬菜都经历所有这些时期。如一年生果菜类就没有贮藏器官休眠期。一些采用无性繁殖的蔬菜如马铃薯、大蒜等栽培中没有种子时期。

四、蔬菜的器官结构

蔬菜的器官包括根、茎、叶、花、果实、种子。蔬菜植物种类不同，各器官形态也不同，了解蔬菜各器官的形态特点，对于我们更好地认识蔬菜，根据蔬菜特点安排蔬菜生产，进行蔬菜生产管理有重要意义。

1. 根

蔬菜的根根据发生的部位不同，根可分为主根、侧根、不定根，这些根的总体称为根系，根系分为直根系和须根系两种基本类型。蔬菜大部分是直根系，如瓜类、豆类、茄果类等，它们主根发达，与侧根差别明显；有少部分蔬菜为须根系，如大葱、韭菜、圆葱等，它们主根不发达或早期停止生长，在茎基部生长许多须根；另外，大萝卜、胡萝卜等是根的变态。

2. 茎

茎是植物地上部分，着生有叶和芽，是以疏导和支持为主要功能的一种营养器官。蔬菜的茎多数近圆柱形,也有棱形的,如黄瓜、蚕豆等。根据其生长习性可分为直立茎,如茄子、辣椒等;缠绕茎,如多数的豆类等;攀缘茎,如多数的瓜类等;马铃薯、姜、球茎甘蓝、莴笋等是茎的变态。

3. 叶

叶的主要功能是进行光合作用,同时能进行蒸腾作用和气体交换,此外有些叶有贮藏营养物质和繁殖的功能。叶片大小和形状是识别蔬菜的重要依据,它因蔬菜种类的不同而差异很大。蔬菜的叶片从大小上看,从几厘米到几十厘米不等;从叶缘上看,有全缘、锯齿缘、波状缘,有深裂、浅裂、全裂;有单叶、复叶;叶片的着生方式有互生、对生等。

4. 花

花是蔬菜植物的生殖器官,又是蔬菜重要的食用器官,如花椰菜、金针菜。蔬菜的花有完全花、雌花、雄花;有雌雄同株异花如黄瓜,雌雄异株异花如石刁柏;还有各种花序类型。

5. 果实

果实是蔬菜的主要产品器官,如茄科、葫芦科、豆科等都是食用果实的蔬菜,它们大多是通过授粉受精后发育而来。只有少数蔬菜不通过授粉受精也能形成果实,称为单性结实,例如,水黄瓜类型。

6. 种子

广义的蔬菜种子,泛指一切用来播种进行繁殖的植物器官或组织。包括以下 4 类:

(1)植物学上的种子　由胚珠受精后形成的,如茄科、葫芦科、豆科和十字花科等蔬菜的种子。

(2)果实　由胚珠和子房共同发育而成,如菊科(瘦果)、伞形科(双悬果)、藜科(聚合果)等蔬菜的果实。

(3)营养器官　有些蔬菜用鳞茎(如大蒜、百合)、球茎(芋头、荸荠)、根茎(生姜、莲藕)、块茎(马铃薯、山药)作为播种材料。

(4)菌丝体　真菌的菌丝体,如蘑菇、木耳等。

五、食用菌器官结构

食用菌种类繁多,形态各异,颜色不一。但基本结构大致相同,都是由菌丝体和子实体两个基本部分组成。

(一)菌丝体

菌丝体是分支的丝状物(菌丝)的集合体,生长于基质内部,是食用菌的营养器官。主要功能:分解基质,吸收营养和水分,供子实体生长发育需要。

1. 菌丝

菌丝都是多细胞的,细胞壁管装,薄而透明。凡是菌丝细胞中仅含一个核的称单核菌丝;含两个核的称双核菌丝;含多个核的称多核菌丝。菌丝体无论在基质内伸展,还是在基质表面蔓延,一般都是以疏松状态存在的。但在不良条件或繁殖时,菌丝就会紧密缠结,形成变态菌丝体,称为菌丝组织体。常见的有菌索、菌核、子座等,这种形式有利于食用菌的繁殖或增强对不良环境的适应性。

2. 菌丝体

菌丝体:指的是由许多菌丝连结在一起组成的营养体类型。菌丝体是菌丝集合在一起构成一定的宏观结构。菌丝体是肉眼可以看见的,如放久的馒头长出来的黑色绒毛状真菌。

3. 特殊的菌丝体

(1)菌核　由菌丝密集而形成的块状或颗粒状的休眠体,质地坚硬,色深、大小不一,一般呈深褐色。菌核有很强的再生能力,可以作为菌种分离的材料或作菌种。

(2)子座　由菌丝组织构成的可容纳子实体的棒状或头状结构。它是真菌从营养生长阶段到生殖生长阶段的一种过渡形式。子座形态不一,食用菌的子座多为棒状,如名贵中药冬虫夏草、蝉花、蛹虫草等的子座均呈棒状,子囊孢子生于棒状子座的顶端。

(3)菌索　菌丝缠结成的形似绳索状的菌丝组织体。形似根须,顶端生长点可不断延伸,表面菌丝排列紧密,常角质化,对不良条件有较强抵抗力,遇适宜条件又可从生长点恢复生长。菌索也是一种输导组织,如天麻的生长就是靠蜜环菌的菌索输送养分。

(二)子实体

能产生有性孢子的肉质或胶质大型菌丝组织体,称为子实体。它是食用菌的繁殖器官,一般都生长在基质表面,如土表、腐殖质上、朽木或活立木的表面,可供人们食用,也就是人们常称之为“菇、菌、蘑、耳、蕈”部分。不同种类的食用菌形态、大小和质地各不相同。形态有伞状、喇叭状、花朵状、珊瑚状、球状、片状、耳状、棒状、块状等;大小一般几厘米至几十厘米;质地有肉质、胶质、革质、木栓质、木质等。目前,栽培的食用菌极少数是子囊菌,多数属于担子菌。担子菌中以伞菌目最多。下面以伞菌为例,简单地介绍子实体的形态。伞菌子实体的形态、大小、质地因种类不同而异,但其基本结构类似。伞菌子实体主要由菌盖、菌柄组成。

1. 菌盖

菌盖又叫菌伞、菌帽,伞菌类子实体位于菌柄之上的帽状部分,是主要的繁殖结构,也是我们食用的主要部分。食用菌菌盖大小也因种而异,大的可达几十厘米,小的则只有几毫米。

(1)菌盖的形状　菌盖的形状是真菌分类依据之一,食用菌种类不同,其菌盖表面形状也就不同。常见的菌盖有钟形、圆形、半圆形、卵圆形、半球形、斗笠形、圆锥形、匙形、扇形、喇叭形、漏斗形等。菌盖中央有平展、凸起、下凹或呈脐状。菌盖边缘多全缘,或开裂成花瓣状,上翘或内卷、反卷,边缘表皮延生等。

(2)菌盖的颜色　菌盖的颜色多种多样,有红、黄、绿、紫、白、灰、褐色等。菌盖的颜色是种属的重要特征之一,但是子实体菌盖的颜色也不是一成不变的,会因为生长环境的变化和生长阶段的不同而有所差异,并且同一种系不同品种间也会有颜色差异。

(3)菌盖的表面特征　菌盖表面大多数为光滑的,有的干燥,有的湿润黏滑;或有皱纹、条纹、龟裂等;有些表面粗糙具有纤毛、丛毛鳞片、颗粒状鳞片、块状鳞片、角锥鳞片和龟裂鳞片等。同形态、颜色一样,均为种属特征,是分类依据之一。

(4)菌盖的组成　菌盖由表皮、菌肉、菌褶和菌管 3 部分组成。

①菌盖。表皮为角质层,位于菌盖最外层,其下方为菌肉。菌肉是菌盖的实体部分,具有较高的营养价值,绝大多数的菌肉为肉质,少数为胶质、蜡质和革质等。有些菌肉受伤后会变色,此为重要的分类依据。

②菌肉。菌盖表皮与菌褶之间的组织称为菌肉,也是食用、药用的主要部分。菌肉薄厚不同,质地有肉质、胶质、蜡质或革质等。食用菌的菌肉大部分为白色,受伤后也不变色,只有部分食用菌受伤后菌肉变色,比如红肉菇变红色,小美牛肝菌变蓝色等。

③菌褶和菌管。菌褶和菌管生长于菌盖的下方,上面连接菌肉。

A. 菌褶常呈刀片状,少数为叉状。菌褶等长或不等长,排列有疏有密。菌褶一般为白色,也有黄、红等其他颜色,并随着子实体的成熟而表现出孢子的各种颜色,如褐色、黑色、粉红色以及白色等。菌褶边缘一般光滑,也有波浪状或锯齿状。

B. 菌管就是管状的子实层,子实层分布于菌管的内壁。菌管在菌盖下面,多呈辐射状排列。

子实层,是着生有性孢子的栅栏组织,是真菌产生子囊孢子或担孢子的地方。它由平行排列的子囊或担子以及囊状体、侧丝组成。菌褶和菌管由子实层、子实下层和菌髓 3 部分组成。

孢子，是真菌繁殖的基本单位，孢子可分为有性孢子和无性孢子两大类。不同种类真菌其孢子大小、形状、颜色以及孢子外表饰纹都有较大的差异，这也是进行分类的重要特征及依据。

2. 菌柄

菌柄又叫菇柄、菇脚。菌柄位于菌盖下方，上部与菌盖相连，下部着生于培养基质上。主要作用是支撑菌盖生长，并将培养料中的水分和养料输送给菌盖。其形状、粗细、颜色、质地等因种而异。菌柄一般生于菌盖中部（如草菇、金针菇、双孢蘑菇等），有的偏生（香菇等）或侧生（平菇等）。多数食用菌的菌柄是肉质，少数为纤维质、蜡质、脆骨质等。有些种类的菌柄较长，有的较短，有的甚至无菌柄。菌柄常呈纺锤状、圆柱状、棒状、假根状，实心或空心。其表面一般光滑，少数种类的菌柄上有网纹、棱纹、鳞片、茸毛或纤毛等。菌柄的颜色各异，有的与菌盖同色，有的则不同。

某些种类还具有菌幕的残存物——菌幕、菌托与菌环。

（1）菌幕　分为外菌幕及内菌幕。

（2）菌托　由于外菌幕的撕裂方式不同，菌托的形状各异。

（3）菌环　盖缘附属物。菌环的大小、薄厚，单层或双层以及在菌柄上着生位置，因种类不同而异。

六、食用菌的营养需求

能够满足食用菌生命活动的物质，称为营养物质。食用菌在生命活动中需要大量的水分，首先是碳素、氮素且需要量较多，其次是磷、镁、钾、钠、钙、硫等矿质元素，还需要铜、铁、锌、锰、钴、钼等微量元素，有的还需要维生素。生产中，只有满足食用菌对这些营养物质的需求，才能保证其正常生长。

1. 碳源

碳源是指能为细胞新陈代谢提供碳素营养的物质。其生理功能主要是为合成细胞物质提供碳骨架和能量。食用菌只能利用有机态碳。

食用菌在营养类型上属于异养型，所以不能利用二氧化碳、碳酸盐等无机碳作为碳源，它们所吸收利用的碳素都是来自有机碳化物。食用菌主要利用单糖、双糖、纤维素、半纤维素、木质素、淀粉、果胶、有机酸和醇类等。单糖、有机酸和醇类等小分子碳化物可以被直接吸收利用，葡萄糖是利用最广泛的碳源。而纤维素、半纤维素、木质素、淀粉、果胶等大分子碳化物，需在胞外酶的催化下水解为单糖后，才能被吸收利用。食用菌对有机态碳的利用情况见表 2-1。

表 2-1 食用菌对有机态碳的利用情况

有机态碳类别	有机态碳主要种类	利用情况
单糖	葡萄糖*、果糖、甘露糖、半乳糖等	可直接利用
寡糖	麦芽糖*、乳糖、纤维二糖	可直接利用
多糖	淀粉*、纤维素*、半纤维素*、木质素*、果胶	需胞外酶分解后才能利用,生产上常用富含此类物质的农副产品下脚料,如棉籽壳、秸秆、稻草、木屑等
有机酸	糖酸、乳酸、柠檬酸、延胡索酸、琥珀酸、苹果酸、酒石酸	可直接利用
醇类	甘露醇*、甘油*	可直接利用

注:* 为在食用菌培养中广泛利用的碳源,未标记的利用较少或不易利用。

不同种类的食用菌对碳源是有选择性的。如多数食用菌利用较差的果胶,却是松口蘑的良好碳源;甘露醇是杨树菇的最好碳源。在生产中,母种培养基以葡萄糖、马铃薯汁、蔗糖为较好的碳源,原种、栽培种及袋栽培的碳源主要来源于富含纤维素、半纤维素、木质素和果胶等物质的植物性原料,如棉籽壳、木屑、玉米芯、甘蔗渣、稻草及各种秸秆等。这些原料多为农副产品的下脚料,具有来源广泛、价格低廉等优点。但是这些都是大分子碳化合物,分解较慢,为促使接种后的菌丝体很快恢复创伤,促进菌丝迅速生长,常在培养料中加入少量葡萄糖、蔗糖等作为食用菌培养初期的辅助碳源,同时还可诱导胞外酶的产生,加速对粗纤维等原料的利用。

2. 氮源

凡能为食用菌提供氮素来源的营养物质,称为氮源。氮源能为细胞新陈代谢提供氮素营养物质,是合成蛋白质和核酸不可缺少的原料,有的也可提供能源,是食用菌重要的营养物质之一。食用菌对氮源的利用情况见表 2-2。

表 2-2 食用菌对氮源的利用情况

氮源类别	氮源种类	利用情况
无机态氮	NH_4^+、NO_3^-	可直接利用,但作为唯一氮源时,生长慢、不结菇
	氨基酸、尿素	可直接利用,但应注意尿素的使用浓度
有机态氮	蛋白胨、蛋白质	需胞外酶分解后才能利用,生产上常用富含此类物质的农副产品下脚料,如豆饼粉、玉米粉、麸皮、米糠等

有机氮是食用菌良好的氮源，氨基酸、尿素等小分子有机氮可以直接被食用菌菌丝吸收利用，而蛋白胨、蛋白质等大分子有机氮则必须通过食用菌菌丝体分泌的胞外酶，将其降解成小分子才能被吸收利用。多数食用菌除利用有机氮外，也能利用 NH_4^+ 和 NO_3^-，NH_4^+ 优于 NO_3^-。以无机氮为唯一氮源时易产生生长慢、不结菇现象。因为菌丝没有利用无机氮合成细胞所必需的全部氨基酸的能力，此外，某些氨基酸几乎不能由无机氮合成。

实验室常以蛋白胨、氨基酸、铵盐、硝酸盐、尿素等简单氮化物为氮源。生产中常以豆粕、玉米粉、麸皮、米糠等复杂而廉价的有机氮为氮源。尿素经高温处理后易分解，释放出氨和氢氰酸，易使培养料的 pH 升高和产生氨味而抑制菌丝生长。

食用菌在不同生长阶段对氮的需求量不同。氮素营养的多寡对菌丝体的生长和子实体的发育有很大关系。在菌丝体生长阶段，培养基含氮量以 0.016%～0.064%为宜，氮素浓度过低，则菌丝生长受阻；而在子实体发育阶段，培养基含氮量以 0.016%～0.032%为宜，氮素浓度过高，会导致菌丝徒长，抑制子实体的生长，推迟出菇。

碳源和氮源是食用菌的主要营养。在食用菌栽培中，碳氮比（C/N）是指培养料中碳源与氮源含量的比值。在食用菌分解过程中，食用菌细胞碳氮比是（8～12）∶1，在食用菌生长过程中 50%碳供给呼吸的能量，50%的碳组成食用菌细胞，所以培养基碳氮比是（16～24）∶1。不同食用菌及同一种食用菌的不同发育阶段所需的碳氮比有所不同。菌丝生长阶段所需碳氮比以 20∶1 左右为宜，出菇阶段以（30～40）∶1 为宜。也就是说，子实体生长发育期所需碳氮比高于营养生长期的碳氮比。

3. 无机盐

矿质元素的化合物为无机盐，是食用菌生长发育所不可缺少的，主要提供碳、氮以外的各种重要元素。按其在菌丝中的需求量，可分为大量元素和微量元素。大量元素有磷、钾、硫、镁、钠等元素，占无机盐的 90%，主要生理功能是构成细胞成分（P、S）；参与酶的组成或是激活剂（Mg、K、Fe）；调节细胞透性、pH、渗透压（Ca、Na、K）。生产中一般使用含大量元素的磷酸盐、硫酸盐等，其中以磷、钾、镁三种元素最为重要。微量元素有铁、铜、锌、锰、硼、钴、钼等，它们是酶活性基团的组分或酶的激活剂，其他原料中以杂质形式存在的含量就可满足其需要，过量加入会有抑制或毒害作用。

常用的无机盐主要有 K_2HPO_4、KH_2PO_4、$MgSO_4$、$CaCO_3$ 和石膏等。

4. 生长因素

食用菌生长必不可少、需求量甚微的特殊有机物质，称为生长因素。广义的生长因素包括氨基酸、碱基和维生素三类物质。狭义的生长因素一般仅指维生素(主要是B族维生素)。生长因素不提供能量,也不参与细胞结构组成,一般是酶的组成部分或活性基团,具有调节代谢和促进生长的作用。当培养基中严重缺乏生长因素时,菌丝就会停止生长发育,甚至不能出菇。有的食用菌自身有合成某些生长因素的能力,若无合成能力,则必须添加。

科研及生产中常用的牛肉膏、酵母膏、玉米浆、麦芽汁、马铃薯汁、麸皮、米糠等原料中就含有丰富的生长因素,因此用这些原料配制培养基时可不必再添加。但是维生素多数不耐高温,在120 ℃以上容易被破坏。在培养基灭菌时温度不要过高,时间不要过长,否则会破坏营养成分。

以上各营养物质是食用菌生长的物质基础。配制培养基时,除选用适宜营养种类外。还需控制各成分间的比例,注意营养协调。

第四节　蔬菜栽培的环境要求

一、植物类蔬菜栽培环境

植物类蔬菜的生长发育和产品器官的形成,都需要在一定的环境条件下才能进行。在蔬菜生产过程中,必须根据不同蔬菜及不同时期的要求给其创造适宜的环境条件来控制它们生长发育,达到高产优质的目的。

蔬菜生产的环境条件包括温度、光照、水分、土壤、气体等。所有的环境条件都不是孤立存在的,而是相互联系的。例如,阳光充足,温度就随之升高;温度升高,土壤水分蒸发就加快;土壤水分增多,土壤中空气含量就会减少。因此,在生产上,必须全面考虑各个环境条件总体的作用。

(一)温度

在蔬菜生产的环境条件中,蔬菜对温度条件最为敏感。各种蔬菜生产对于温度都有一定的要求,而且都各自有最低温度、最适温度和最高温度“三个基点”。适宜的温度条件可以使蔬菜的同化作用旺盛,生长良好,获得高产;温度过高或过低就会导致蔬菜的生长发育缓慢或停滞,甚至死亡。根据不同蔬菜适宜生长的温度范围及不同时期对温度条件的需要,可以将它们安排在合适的生产季节。

1. 不同蔬菜种类对温度的要求

根据各种蔬菜对温度条件的不同要求及能忍受的极限温度,可将蔬菜分为5

类，见表 2-3。

表 2-3　各类蔬菜对温度的要求　　℃

类别	代表蔬菜	最高温度	最低温度	适宜温度	特点
耐寒多年生蔬菜	韭菜、黄花菜、辣根、芦笋等	35	−10	20～30	地上部能耐高温，温度过低时地上部枯死，以地下宿根（茎）越冬
耐寒蔬菜	芫荽、菠菜、大葱、洋葱、大蒜等	30	−5	15～20	较耐低温，耐热能力差
半耐寒蔬菜	大白菜、甘蓝、萝卜、胡萝卜、豌豆、蚕豆等	30	−2	17～20	可以耐霜，但耐寒力稍差，不耐长期的零下温度，产品器官形成期温度不要超过 21 ℃
喜温蔬菜	黄瓜、番茄、菜豆、茄子等	35	10	20～30	不耐低温，15 ℃以下影响开花结果
耐热蔬菜	冬瓜、南瓜、丝瓜、西瓜、豇豆、苋菜、蕹菜等	40	15	30	喜高温，有较强的耐热能力

2. 不同生育时期对温度的要求

同一蔬菜在不同的生育时期对温度条件的要求不同。在种子发芽期都要求较高的温度，以促进种子的呼吸作用及各种酶的活动，有利于胚芽萌发。一般喜温蔬菜，种子发芽的最适温度为 25～30 ℃，耐寒蔬菜为 15～20 ℃。由于幼苗可塑性强，所以幼苗期的温度条件可以适当放宽，可以比适宜温度稍高或稍低。营养生长盛期如果是产品器官形成期，应尽可能提供适宜的温度条件。休眠期要求低温。

生殖生长期要求较高的温度，特别是果菜类花芽分化期，日温要接近花芽分化最适温度，夜温要高于花芽分化最低温度，且要有一定大小的昼夜温差。开花期对温度的要求很严格，过高或过低都会影响蔬菜的授粉、受精，所以要提供适宜开花的温度条件。结果期和种子形成期需要较高的温度。

3. 温周期对蔬菜生育的影响

各种不同的蔬菜都有其生长的最适温度。但实际在地球上生长作物的地方，温度总是变化的。温度有两个周期性的变化：即季节的变化和昼夜的变化。在一天中，白天的温度高，晚上的温度低。植物的生长发育也适应了这种昼夜有一定温度变化的环境。植物生长发育对日夜温度周期性变化的反应称为“温周期”。据试验(Went,1944),番茄生长以日温 26.5 ℃夜温 17 ℃最适宜。如果在昼夜温度不变的条件下,即使在 26.5 ℃的恒温下,其生长速度也会比变温的低。

温周期对于蔬菜栽培有重要意义,如在确定播种季节时把产品器官的形成时间安排在昼夜温差较大的时期,以利于养分的积累,促进产品器官膨大。又如育苗时通过不同时期日温和夜温的管理,采取促控结合可培育壮苗。在保护地栽培时,常根据天气阴晴,把昼温和夜温分为几段进行调控:如晴天的昼温比阴天的提高 2～5 ℃,晴天的夜温比阴天的高 1～4 ℃,下午的温度比上午的温度低 2～5 ℃,日落后 3～4 小时温度较高,有利于养分转化,其后温度继续下降,以抑制其呼吸作用,使呼吸的消耗维持最低限度。

4. 温度与春化现象

二年生蔬菜需要一定时间的低温诱导才能进行花芽分化,这种现象被称作"春化",根据春化的时期不同,蔬菜可以分为种子春化型和绿体春化型。如白菜、萝卜、菠菜、莴苣等蔬菜从种子萌动开始就可通过春化阶段,即为种子春化型。它们春化所需温度在 0～10 ℃,低温持续时间一般要 10～30 天。栽培中如果提前遇到低温条件,蔬菜容易在产品器官形成以前或形成过程中就抽薹开花,称为"先期抽薹"或"未熟抽薹"。而有些蔬菜如甘蓝、洋葱、芹菜、大葱等需要植株长到一定大小才能通过春化,称为绿体春化型。不同蔬菜的春化条件也不尽相同。对低温条件要求不太严格,比较容易通过春化阶段的品种称为冬性弱的品种;春化时要求条件比较严格,不太容易抽薹开花的品种称为冬性强的品种。这类蔬菜春季作为商品蔬菜栽培时,宜选用冬性强的品种,安排好适宜的播种期,避免幼苗长到符合春化大小要求时,遭受长期的低温而发生先期抽薹现象。

5. 地温

土壤温度的高低直接影响蔬菜的根系生长及对土壤中的养分吸收。不同蔬菜对地温的要求不同,大多蔬菜根系适宜生长的温度为 24～28 ℃,最低温度为 6～8 ℃,最高温度为 34～38 ℃。生产上可以通过控制浇水、中耕和覆盖地膜来提高地温,如地温偏高,可以采用浇小水、培土和地面覆盖来降温。切忌在蔬菜生长盛期的炙热中午浇水,以防根部温度突然下降,导致植株萎蔫。

(二)光照

光照是蔬菜生长发育必要的环境条件,也是蔬菜植株进行光合作用的必备条件。其主要通过光照强度、光照时间、光质三方面对蔬菜产生影响。

1. 光照强度对蔬菜的影响

不同的蔬菜对光照强度的要求不一样,一般用某种蔬菜的光饱和点、光补偿点、光合强度来表示其对光照强度的要求。生产中可以通过补光和遮阳等措施来增加或降低光照强度，以保证蔬菜的正常生长。

根据各种蔬菜对光照强度的不同要求可将其分为 3 类：

(1)强光性蔬菜　包括西瓜、甜瓜等大部分瓜类蔬菜及番茄、茄子、豇豆、刀豆、山药、芋头等，该类蔬菜喜欢强光，耐弱光能力差。

(2)中光性蔬菜　包括大部分的白菜类、葱蒜类及菜豆、辣椒、萝卜、胡萝卜等，该类蔬菜在中等光照下生长良好，不耐强光，但有一定的耐弱光能力。

(3)弱光性蔬菜　包括大部分绿叶菜类蔬菜及生姜等，该类蔬菜在中等光照条件下生长良好，耐弱光能力强。

2. 光照时间对蔬菜的影响

根据各种蔬菜花芽分化需要的光照时间长短将其分为 3 类：

(1)长日照蔬菜　包括白菜、萝卜、大葱、菠菜等，这类蔬菜需要 12～14 小时及以上的光照诱导花芽分化。

(2)短日照蔬菜　包括豇豆、扁豆、茼蒿、丝瓜等，这类蔬菜需要 12～14 小时及以下的光照诱导花芽分化。

(3)中日照蔬菜　包括黄瓜、番茄、茄子、辣椒等，这类蔬菜对光照时间要求不严格，较长或较短日照条件下都能开花。

光照时间除了影响蔬菜的花芽分化之外，与地下贮藏器官的形成也有关系。如马铃薯等块茎在短日照条件下才能形成，葱蒜类的鳞茎形成需要长日照条件。这种需要一定时间光照和一定时间黑暗交替，蔬菜才能花芽分化或形成器官的现象被称为“光周期现象”。

3. 光质对蔬菜的影响

光质即光的组成成分。太阳光中蔬菜吸收较多的为红橙光和蓝紫光。红橙光促进细胞的伸长生长，而蓝紫光抑制细胞的伸长生长，所以在设施内生产蔬菜，由于蓝紫光透过量少，蔬菜容易发生徒长现象。此外，紫光有利于维生素 C 的合成，所以设施中蔬菜的维生素 C 含量往往较露地的低。

(三)水分

水分是蔬菜生长发育所需的必要环境条件之一，蔬菜的需水程度与蔬菜的种类及其所处的生育时期有关。

1. 不同种类蔬菜对水分的要求

根据各种蔬菜对水分的需要程度不同，把蔬菜分为 5 类(表 2-4)。

2. 蔬菜的不同生育时期对水分的要求

(1)种子发芽期　这个时期种子要吸水膨胀，需要充足的水分，但湿度过大容易烂种，适宜的土壤湿度为地面半干半湿至湿润。

表 2-4　不同种类蔬菜对水分的要求

类别	代表蔬菜	形态特征	需水要求及管理	空气水分要求
耐旱性蔬菜	西瓜、甜瓜、南瓜、胡萝卜等	叶片多缺刻、有茸毛或蜡质，根系强大、入土深	耗水少且吸收力很强，无须多灌水，对土壤的透气性要求严格，耐湿性差	对空气湿度要求较低，在相对湿度45%～55%的条件下生长良好
半耐旱性蔬菜	茄果类、豆类、根菜类蔬菜等	叶面积相对较小，叶片质地较硬，多茸毛，根系较发达	耗水较多，吸收力较强，适宜在半干半湿的地块上生长，不耐高湿，对土壤透气性要求较高	对空气湿度要求不高，中等湿度有利于蔬菜栽培，一般适宜相对湿度55%～65%，根菜类要求更高一些
半湿润性蔬菜	葱蒜类蔬菜等	叶面积较小、表面有蜡质，根系不发达，分布范围小，根毛少	消耗水分少，吸收力弱，不耐干旱、不耐涝，主要生长阶段要求地面湿润	葱蒜类耐较低空气湿度，在相对湿度45%～55%条件下生长良好
湿润性蔬菜	黄瓜、白菜、甘蓝、多数绿叶菜等	叶面积大，组织柔嫩，根系浅而弱	消耗水分多，吸收力弱，要求土壤湿度较高，应加强灌水	空气湿度要求中等以上，一般相对湿度为70%～80%时生长良好，以鲜嫩器官为食的绿叶菜类蔬菜要求更高
水生蔬菜	藕、茭白等	叶面积大，组织柔嫩，根系不发达，根毛退化	消耗水分最多，吸收力最弱，需在水中或沼泽地栽培	要求较高的空气湿度，适宜的相对湿度为85%～90%

(2)幼苗期　叶面积小，蒸腾量不大，需水量不大，但根系吸收能力弱，要加强水分管理，保持地面半干半湿。

(3)营养生长盛期　对于以营养器官为产品的蔬菜，这个时期需水量最大。产品器官形成前，不要过多浇水，防止徒长；产品器官形成后，要经常浇水，保持地面湿润。

(4)生殖生长期　开花期对水分要求严格，水分过多过少，都会引起授粉、受精不良，影响结果。结果盛期需水量大，是果菜类一生中需水最多的时期，应充足供应。

(四)土壤

土壤是蔬菜生长发育的基础,它不仅对蔬菜的植株有支撑作用,而且为蔬菜生长发育提供所需要的水分、养分,同时蔬菜根部的温度、湿度也受土壤的制约。

1. 土壤质地

蔬菜对土壤的一般要求:土壤肥沃,土层深厚,透气性好,保肥保水能力强。

从土壤结构上说,以壤土、沙壤土和黏壤土最适宜蔬菜生长。壤土松紧适中,保水保肥能力较强,有效养分多,适于大部分蔬菜栽培;沙壤土土质疏松,通气排水好,不易板结,升温快,适宜栽培吸收力强的耐旱性蔬菜,如瓜类和根菜类等;黏壤土土质细密,保水保肥能力强,养分丰富,但排水不好,易板结,适于晚熟栽培及水生蔬菜栽培。

2. 土壤的酸碱度

大多数蔬菜以 pH 为 6～6.8 的中性或微酸性土壤为宜。黄瓜、菜豆、韭菜、菠菜、花椰菜等要求中性土壤;番茄、南瓜、萝卜等能在弱酸性土壤中生长;茄子、甘蓝、芹菜等有一定的耐盐碱能力。

3. 土壤营养

蔬菜对土壤营养的需求主要是氮、磷、钾三大元素。蔬菜的种类不同,对养分的需求量也不同。叶菜类蔬菜对氮的需求量比较大,以根、茎及叶球为产品的蔬菜对钾的需求量较大,果菜类蔬菜需磷较多。除了这三大元素外,蔬菜对其他土壤营养元素也有不同程度的需求。番茄、大白菜、芹菜等对钙元素有较大的需求量;嫁接的蔬菜如缺镁元素,容易引起叶枯病;菜豆等容易缺硼。

蔬菜的不同生育时期对土壤营养的需求也有差异。一般幼苗期需肥量小,而且以氮肥为主,但果菜类的花芽分化期需要较多的磷。营养生长盛期对各种营养的需求量都不断增加。产品器官形成期是蔬菜一生中需肥量最大的时期,果菜类对磷的需求量增大,根、茎、叶球类蔬菜对钾的需求量也显著增加。

(五)气体

氧气和二氧化碳是影响蔬菜生长发育的主要气体条件。大气中的氧气浓度相对稳定,因此对地上部分的生长影响不大。但往往会由于水涝或土壤板结而使根际缺氧。生产中可通过中耕松土、覆盖地膜等方式来防止土壤板结。此外,设施蔬菜栽培是在封闭或半封闭条件下进行的,设施内外气体交换差,易出现二氧化碳不足或有害气体危害等现象,生产中需加以注意。

二、食用菌类蔬菜栽培环境

影响食用菌生长与发育、传播与繁衍的主要因素有理化因素和生物因素两大类。理化因素包括温度、水分和湿度、氧气和二氧化碳、光照条件、酸碱度，简化为光、温、水、气、酸碱度五大因子。生物因素包括食用菌生物环境中的微生物、植物以及动物等，其中有些是有益的，有些则是有害的。

(一)食用菌生长的理化环境

1. 温度

(1)食用菌对环境温度的反应规律　温度是影响食用菌生长发育的重要环境因素。在一定温度范围内，食用菌的代谢活动和生长繁殖随着温度的上升而加快。当温度升高到一定限度，开始产生不良影响时，如果温度继续升高，食用菌的细胞功能就会受到破坏，甚至导致死亡。

各种食用菌生长所需的温度范围不同，每一种食用菌只能在一定的温度范围内生长。各种食用菌按其生长速度可分为三个温度界限，即最低生长温度、最适生长温度和最高生长温度。超过最低和最高生长温度的范围，食用菌的生命活动就会受到抑制，甚至死亡。在最适温度范围内，食用菌的营养吸收、物质代谢强度和细胞物质合成的速度都较快，生长速度最高。大多数食用菌生长适温一般在 20～30 ℃(草菇等例外)。菌丝体生长的温度范围大于子实体分化的温度范围，子实体分化的温度范围大于子实体发育的温度范围。孢子产生的适温低于孢子萌发的适温。菌丝体耐低温能力往往较强，一般在 0 ℃左右只是停止生长，并不死亡，如菇木中的香菇菌丝体即使在－30 ℃低温下也不会死亡，草菇的菌丝体在 40 ℃下仍能旺盛生长，5 ℃时就会逐渐死亡。

食用菌能忍受的极端温度与当时生长阶段、生长状态和处理方式有很大关系。发菌阶段抗性往往高于子实体生长阶段，遇温度骤变容易损伤菌丝体或子实体，而经过特殊处理，很多食用菌菌丝能在－196 ℃的液氮中保藏多年。

子实体发育温度是指气温，而菌丝体温度和子实体分化温度，则指的是培养料的温度。

因此，在食用菌的生产过程中，可以通过对温度的调节，来促进食用菌的生长，抑制或杀死有害杂菌，保证食用菌的稳产高产。

(2)食用菌的温度类型　根据子实体形成所需要的最适温度，将食用菌划分为三种温度类型：低温型子实体分化的最高温度在 24 ℃以下，最适温度在 20 ℃以下；中温型子实体分化的最高温度在 28 ℃以下，最适温度在 20～24 ℃；高温型子实体分化的最高温度在 30 ℃以上，最适温度在 24 ℃以上。

根据食用菌子实体分化时对温度变化的反应不同，又可把食用菌分为两种类型：恒温结实型与变温结实型。变温对子实体分化有促进作用的食用菌，为变温结实型菌类，如香菇、平菇，反之为恒温结实型菌类，如草菇、猴头菇、灵芝等。

在食用菌子实体形成过程中,通过人工调控,增加温差,有利于变温结实型菌类的生长发育,同样,保持棚内或室内温度的恒定,有利于恒温结实型菌类的子实体形成。如果不注意食用菌的温型,则容易造成食用菌子实体生长发育受阻,对产量和质量造成严重影响。

(3)温度调节的手段　由于不同类型、不同品种及不同管理时期食用菌对温度有着特殊的要求,首先要栽培季节上进行合理安排,其次要食用菌不同的发育时期在相适应的季节进行。比如,南方秋季的气温比较适合一些食用菌的菌丝生长,而冬季和春季比较适合子实体生长发育,所以,很多菇类安排在早秋接种,深秋到次年春天为出菇期。

其次,通过不同温度类型的品种和不同的地理位置的选用,也可以使食用菌与其栽培环境温度更为适应。

除此之外,目前生产上常依靠一定的栽培设施,通过人工干预,进行温度的管控,达到反季节栽培或延长栽培季节:如棚膜与厂房的调节、生物能利用、蒸汽、地热、流水调节、空调、红外光、反光膜、防空洞等。

2. 水分和湿度

菌丝体内含有约70%水分,有的子实体如花菇或者灵芝的子实体含水量有时不到50%,而雨天的黑木耳含水量可以高达95%。水分是食用菌细胞的重要组成成分,食用菌机体内的一系列生理生化反应都是在水中进行的。在生产管理中,水分的概念不是指菇体的含水量,而是指培养料的含水量和空气相对湿度。

(1)培养料的含水量　食用菌生长发育所需要的水分绝大部分来自培养料。培养料的含水量是影响菌丝生长和出菇的重要因素,只有含水量适当时才能形成子实体。培养料含水量可用水分在湿料中的百分含量表示。不同食用菌子实体以及在不同的生长发育时期对水分的要求不尽相同,栽培时要区别对待,一般适合食用菌菌丝生长的培养料含水量在60%左右。

(2)空气相对湿度　空气相对湿度直接影响培养料水分的蒸发和子实体表面的水分蒸发。适当的空气相对湿度,能够促进子实体表面的水分蒸发,从而促进菌丝体中的营养向子实体转移,又不会使子实体表面干燥,导致子实体干缩。

食用菌的菌丝体生长和子实体发育阶段所要求的空气相对湿度不同,大多数食用菌的菌丝体生长要求的空气相对湿度为65%～75%;子实体发育阶段要求的相对湿度为80%～95%。如果菇房或菇棚的相对湿度低于60%,侧耳等子实体的生长就会停止;当相对湿度降至40%～45%时,子实体不再分化,已分化的幼菇也会干枯死亡。但菇房的相对湿度也不宜超过96%,菇房过于潮湿,易导致病菌滋生,也有碍子实体的正常蒸腾作用。因此,菇房过湿,子实体发育也会不良,常表现为只长菌柄,不长菌盖,或者盖小肉薄。偏干管理能提高菇品质量,但产量会相对下降。

以上的数字要灵活掌握,不同的菇类对水分的要求有一定差异,并且培养料中的含水量还应结合料温和气温考虑,这和不同温度下的氧溶量有关。气温高时氧溶量下降,为了增加培养料中的氧气,必须降低水分,偏干管理。

3. 空气

食用菌是好气性菌类,氧与二氧化碳的浓度是影响食用菌生长发育的重要环境因子。食用菌通过呼吸作用吸收氧气并排出二氧化碳。不同种类的食用菌对氧气的需求量是有差异的;同一种食用菌在不同生长阶段对氧气的需求量和对二氧化碳的敏感程度也不同。一般菌丝生长期对氧气的需求量相对较小,对二氧化碳也不敏感,但随着菌丝体的生长,培养料中不断产生二氧化碳、硫化氢、氨气等废气,若不适当地通风换气,菌丝会逐渐发黄、萎缩或死亡。

子实体分化阶段,食用菌从营养生长转入生殖生长,这时的氧气需求量较低。子实体形成之后,食用菌的呼吸作用旺盛,对氧气的需求量急剧增加。微量的二氧化碳(浓度0.034%~0.1%)对蘑菇、草菇子实体的分化有利。但高浓度二氧化碳对猴头菇、灵芝、金顶侧耳、大肥菇的分化有抑制作用,将会推迟原基形成时间。当二氧化碳浓度达到0.1%以上时,即对子实体产生毒害作用。如灵芝子实体在二氧化碳浓度为0.1%环境中,一般不形成菌盖,菌柄分化成鹿角状分支,而猴头菇形成珊瑚状分支,蘑菇、香菇出现柄长,开伞早的畸形菇。二氧化碳浓度达到5%时,会抑制金针菇的菌盖分化,影响香菇、蘑菇子实体的形成。

通风换气是贯穿于食用菌整个生长过程中的重要措施。为了防止环境中二氧化碳积贮过多,在进行林地栽培时,应选择较开阔的场地作菇(耳)场,并砍除场内的杂草及低矮灌木,以利于场地通风;在进行室内栽培时,栽培室(房)应设置足够的换气窗。适当通风还能调节空气的相对湿度,减少害虫、杂菌的发生,确保食用菌的高产和稳产。通风效果以嗅不到异味、不闷气、感觉不到风的存在及不引起温湿度剧烈变化为宜。通风时,应避开干热风、对流风、低温或高温时间。

生产中,经常通过调节二氧化碳浓度来调节和控制子实体的生长,如适当增加二氧化碳浓度以获取柄细长、盖小的优质金针菇,相反,增加空气通透,减少二氧化碳浓度以获取柄短、盖大的优质香菇。

4. 光照

食用菌不是绿色植物,没有叶绿素,不能进行光合作用,因此不需要阳光直射,但生长环境中保持一定的散射光对大多数食用菌来说是很有必要的。只有少数种类如蘑菇、大肥菇和在地下发育的块菌，可以在完全黑暗条件下完成其生活史。在菌丝生长阶段，多数食用菌对光的反应不敏感，如银耳、木耳等。对某些菌类如牛舌菌，光照甚至成为抑制菌丝生长的因素，有的种类如平菇、灵芝等在散射光条件下，菌丝生长速度反而比黑暗条件下要减少40%～60%。

光照与食用菌原基分化和子实体的形态有密切关系。绝大部分食用菌在子实体的发育阶段需要一定量的散射光线，如香菇、松茸、草菇、滑菇等食用菌，在完全黑暗条件下不形成子实体；金针菇、侧耳、灵芝等食用菌在无光环境中虽能形成子实体，但菇体畸形，常只长菌柄，不长菌盖，不产生孢子。不同食用菌对光照度的要求是有区别的，光照度还会影响到子实体的色泽、菌柄长度和菌盖宽度的比例。光照不足时，草菇呈灰白色，木耳为浅褐色。只有在光照强度为250～1 000勒克斯的条件下，木耳才呈正常的黑褐色。在弱光下生长的平菇菌柄很长，菌盖不能充分展开；灵芝的色泽暗淡，没有光泽。这一特性可巧妙地运用到生产实践中，将金针菇、双孢蘑菇等在弱光下培养，可得到比较理想的商品菇。

5. 酸碱度(pH)

酸碱度(pH)会影响细胞内酶的活性及酶促反应的速度，是影响食用菌生长的因素之一。不同种类的食用菌菌丝体生长所需要的基质酸碱度不同，大多数食用菌喜偏酸性环境，菌丝生长的pH在3～6.5，最适pH为5.0～5.5。大部分食用菌在pH大于7.0时生长受阻，大于8.0时生长停止。但也有例外，如草菇喜中性偏碱的环境。

栽培食用菌时必须将其放在适当的酸碱环境条件下才能正常地生长发育。食用菌分解有机物过程中，常产生一些有机酸，这些有机酸的积累可使基质pH降低，同时，培养基灭菌后的pH也略有降低。因此在配制培养基时应将pH适当调高，或者在配制培养基时添加0.2%磷酸氢二钾和磷酸二氢钾作为缓冲剂，如果所培养的食用菌产酸过多，可添加少许碳酸钙作为中和剂，从而使菌丝生长在pH较稳定的培养基内。有些菇类在后期管理中，也常用1%～2%的石灰水喷洒菌床。

在食用菌的生产实践中，常利用控制pH来抑制或杀灭杂菌。

(二)食用菌生长的生物环境

食用菌在自然界中常与其他的生物特别是微生物共处同一环境中，彼此间发生着复杂的关系，主要有以下几种。

1. 伴生

伴生是微生物间的一种松散联合，在联合中可以是一方得利，也可双方互利。

银耳与香灰菌就是一种典型的伴生关系。银耳分解纤维素和半纤维素的能力弱，也不能很好地利用淀粉。因此，银耳不能很好地单独在木屑培养基上生长。只有当银耳菌丝与香灰菌丝混合接种在一起时，银耳才能利用香灰菌丝分解木屑的产物而繁殖结耳。栽培银耳时，常将银耳菌和香灰菌丝混合后播种。

2. 共生

有些食用菌能与植物共生，形成菌根，彼此受益。能与植物形成菌根的真菌称为菌根真菌。菌根真菌吸收土壤中的水分和无机养料提供给植物，并分泌吲哚乙酸等物质，刺激植物根系生长，而植物则把光合作用合成的碳水化合物提供给真菌。

菌根真菌多见于块菌科、牛肝菌科、红菇科、口蘑科等。一定的菌根真菌要求特定的植物根系与其结合，如口蘑与黑栎等。鸡枞与白蚁共生(鸡枞长在蚁窝上，以蚁粪为营养；鸡枞菌丝帮白蚁分解木质素，产生抗生素，有时可充当其食物)。

3. 竞争

竞争是生活在一起的两种微生物为了自身生长而争夺有限的养料或空间的现象。在食用菌栽培过程中常有杂菌污染，一旦杂菌的生长占据了优势，将会导致整个食用菌生产的失败，生产的各个环节都要注意防止杂菌生长。常见的竞争性杂菌包括真菌、细菌甚至病毒等。

食用菌栽培过程从某种意义上说，就是制造有利于食用菌生长而不利于其他动植物(尤其是竞争性杂菌)生长的环境，从而提高食用菌的产量和质量的过程。在整个栽培管理过程中，始终要有竞争的概念，想方设法采取措施，尽可能满足食用菌生长条件，同时严格控制竞争对象的发生和蔓延。

4. 拮抗

拮抗是一种微生物产生某种特殊的代谢产物或使环境条件改变，从而抑制或杀死另一种微生物的现象。这种现象与竞争现象是有区别的。在食用菌栽培过程中所出现的杂菌，如绿色木霉、青霉和曲霉等，一方面与食用菌进行竞争，争夺营养和生长空间；另一方面还分泌毒素，常与食用菌菌丝体间形成对峙的岛屿状拮抗线，抑制食用菌菌丝的生长。

5. 寄生

寄生是一种生物生活在另一种生物的表面或体内，前者从后者的细胞、组织或体液中取得营养，常使寄主发生病害或死亡。如双孢蘑菇的褐腐病是疣孢霉寄生在双孢蘑菇的子实体造成的病害。

6. 啃食

鼠类、螨类和昆虫的幼虫通常啃食食用菌菌丝或子实体，造成减产或降低商品价值。

7. 利用

在栽培过程中，情况更为复杂，不仅存在有杂菌竞争养分的问题，而且也存在寄生性微生物直接使食用菌感染病害的问题。但是也有一些微生物对食用菌的定植与生长起协助作用。利用有益微生物帮助分解基质、消除竞争对手，从而有利于食用菌生长。

培养料的发酵就是利用一些中温型和高温型微生物（尤其是放线菌）的活动，将复杂的大分子物质分解转化为结构简单的容易被食用菌吸收利用的可溶性物质。同时，这些微生物死亡后留下的菌体蛋白和代谢物对食用菌的生长有促进作用。发酵过程所产生的 70 ℃以上的高温，杀死了一些虫卵和不耐高温的有害微生物。培养料经发酵后，变得疏松透气，吸水性和保温性得到改善。如双孢蘑菇分解纤维素的能力差，必须用发酵腐熟的培养料。

第五节　植物蔬菜栽培基础

一、蔬菜植物种子

种子的外形、大小、颜色、表面光洁度、种子表面特征等称为蔬菜种子形态，如沟、棱、毛刺、网纹、蜡质、突起物等。种子形态是识别不同蔬菜种类或品种的重要依据，也是判断种子质量的重要感官标志。一般来说，成熟度好的新种子色泽较深，种皮上具有蜡质或有鲜亮的光泽，饱满且较大，有的具有香味。而陈种子或生长发育不好的种子，色泽灰暗，具霉味，皱瘪等。种子的大小、成熟度与播种量、种子播前处理和幼苗生长有着密切的关系。

蔬菜种子的大小差别很大，小粒种子的千粒重只 1 克左右，大粒种子的千粒重却高达 1 000 克以上。一般葫芦科、豆科蔬菜种子较大。十字花科、伞形科蔬菜种子相对较小，如荠菜、芹菜、苋菜种子等。种子的大小与营养物质的含量有关，对胚的发育有重要作用，也关系到出苗的难易程度及秧苗的生长发育速度。种子越小，播种技术要求越高，苗期生长越慢。

种子的寿命是指种子保持发芽能力的年限，发芽年限保持的长短取决于各种蔬菜的遗传性和收获后的贮藏条件，也受繁种条件和种子成熟度的影响。在一般贮藏条件下，绝大多数贮存的蔬菜种子寿命为 1～5 年，使用年限只有 1～3 年。常见蔬菜种子的寿命与使用年限见表 2-5。

表 2-5　常见蔬菜种子的寿命与使用年限　　年

蔬菜名称	种子寿命	使用年限	蔬菜名称	种子寿命	使用年限
番茄	4	2～3	大白菜	4～5	1～2
辣椒	4	2～3	甘蓝	5	1～2
茄子	5	2～3	球茎甘蓝	5	1～2
黄瓜	5	2～3	花椰菜	5	1～2
南瓜	4～5	2～3	芥菜	4～5	2
冬瓜	4	1～2	萝卜	5	1～2
甜瓜	5	2～3	芜菁	3～4	1～2
瓠瓜	2	1～2	根用芥菜	4	1～2
丝瓜	5	2～3	胡萝卜	5～6	2～3
西瓜	5	2～3	韭菜	2	1
扁豆	3	2	大葱	1～2	1
菜豆	3	1～2	洋葱	2	1
豇豆	5	1～2	菠菜	5～6	1～2
豌豆	3	1～2	芹菜	6	2～3
蚕豆	3	2	莴苣	5	2～3

二、蔬菜植物植株调整

植株调整的作用包括:平衡营养生长与生殖生长、地上与地下部生长。协调植株发育,改变发育进程,促进产品器官形成与膨大。促进植株器官的新陈代谢,获得优质丰产。改变植株对自然生产要素的有效利用率,合理利用自然资源。减少机械伤害和病、虫、草害发生。植株调整主要包括整枝、摘心、打杈,摘叶、束叶,疏花疏果和保花保果,支架、牵引、绑蔓等。

(一)整枝、摘心、打杈

1. 整枝

对于茄果类和瓜类蔬菜来说,如放任其自然生长,则会枝繁叶茂,结果不良,通过枝条的去留,保证每一时期有 1 个适宜的源库单位,有利于植株养分积累、形态建成和器官分化。整枝时应根据实际情况,分清主次,对多余的枝条一次性用剪刀剪除,但也应注意不可在同一时间切除过多的枝条以造成植株营养状况,难以恢复。

2. 摘心

除去生长枝梢的顶芽，又叫打尖或打顶，可抑制生长，促进花芽分化，调节营养生长和生殖生长的关系。对无限生长的瓜类和茄果类蔬菜，在热带地区，生长条件能够持续满足时，顶芽可一直伸长，有利于长期结果。而在温带，其生长期受到霜期的限制，在生育后期同化器官的不断生长，将会使现有果实的产量下降，而新发生的果实也在栽培结束时不能达到商品成熟的标准。为此，栽培后期，按照栽培的目的与实际的生产条件和生产水平，在保持植株有一定数量的果实和相应的枝叶后，即可将其顶芽去除。

3. 打杈

摘除侧芽，一些植物的侧枝萌发能力非常强，若任其自然生长，则会枝蔓繁生，导致结果不良或不能结果。如番茄生产中一般只留顶芽向上生长，侧枝全部摘除，这种整枝方式叫单干整枝；有时除顶芽外第一穗果下又留 1 侧枝与顶芽同时生长，称为双干整枝。打杈以后，调整了植株营养器官与生殖器官的比例，提高经济系数，达到高产的目的。

(二)摘叶、束叶

1. 摘叶

一般来说，幼龄叶的同化效率较低，壮龄叶的同化效率最高，而老叶、病叶的同化效率也较低，甚至同化量不及其呼吸消耗量。从另一方面来看，冠层内叶量较大时，群体消光系数值较高，所以处于植株基部的老叶、病叶，都应及时去除，以避免不必要的同化物质消耗，同时也利于维持适宜的群体结构，使通风、透光条件得以改善。不同蔬菜种类叶片寿命是不相同的，如黄瓜叶片展开后 4 天光合速率就很高了，20～25 天则为壮龄叶，45 天后则变为老叶。

2. 束叶

束叶是将靠近产品器官周围的叶片尖端聚集在一起的作业。常用于花球类和叶球类蔬菜生产中，可有效地提高上述蔬菜产品的商品性。束叶可防止阳光对花球表面的暴晒，保持花球表面的色泽与质地；大白菜束叶可使叶球软化，同时所束莲状叶对球叶来说可起到一定的防寒作用。另外，束叶也使植株间的通风透光良好。但束叶不宜进行得过早。

(三)疏花疏果和保花保果

1. 疏花疏果

对于以营养器官为产品的蔬菜，疏花疏果可减少生殖器官对同化物质的消耗，有利于使产品器官形成。如对大蒜、马铃薯、莲藕、百合、豆薯等蔬菜摘除其花蕾均有利于产品器官膨大。对于以果实为产品器官的蔬菜作物，疏花疏果可以提高单果重和商品质量。对一些畸形、有病或机械损伤的果实,也应及早摘除。

2. 保花保果

当植株营养不足、逆境胁迫时(如低温或高温),一些花和果实即会自行脱落,应采取保花保果措施。落花落果还与植株体内激素水平有关。因此,可以通过改善植株自身营养状况,施用生长调节剂等方法保花保果。

(四)支架、牵引、绑蔓

1. 支架

由于黄瓜、番茄、菜豆和山药等蔬菜的蔓不能直立,需进行支架栽培,如塌地而长易患病,群体叶面积指数小(LAI),产量和品质降低。支架栽培可增加 LAI,提高光截获能力,通风透光,减少病虫害发生,增加单位面积株数,增加产量,改善品质。因此,蔓生蔬菜常用支架栽培。常用的架型有:

(1)双行人字架或单行架　一般架比较高,常以竹竿为材料,将植株的茎蔓引到架上,有些需加以绑缚,如豇豆、黄瓜等。

(2)棚架　生长旺盛、分枝较多的植物需要搭棚架,使茎蔓分布均匀,合理利用空间,如葫芦、佛手瓜等,庭院栽培时采用较多。

(3)矮支架　一些半直立蔬菜,如早熟番茄、石刁柏等,用 1 米左右的支架即可,架型也较简单,但需要绑缚。

2. 牵引

设施栽培对一些蔓生、半蔓生蔬菜进行攀缘引导的方法。一端系在植株的根部,另一端则与设施的顶架结构物相连,也可以与在设施顶部专门设置的引线相连。有直立式牵引和人字形牵引。随着植株逐渐长高,将其主茎环绕在牵引线上即可保证其向上生长。牵引所用的引线需有一定的强度,否则不易承担整个植株的重量。

3. 绑蔓

对于支架栽培的蔓生作物,无论用竹竿还是木条作材料,植株在向上生长过程中依附架条的能力并不是很强,因此需要人为地将主茎捆绑在架条上,以使植株能够直立地向上生长。但不要绑得太紧,要留有余地,因为植物的茎蔓还将不断生长增粗。

(五)压蔓、落蔓和盘蔓

1. 压蔓

蔓生蔬菜作爬地栽培时,如大田西瓜,经压蔓后可使植株排列整齐,受光良好,管理方便,促进果实发育,增进品质,同时在压蔓处,可诱发植株产生不定根,有防风和增加营养吸收的能力。压蔓可控制茎叶生长过旺。

2. 落蔓和盘蔓

对牵引或支架栽培的蔓生、半蔓生蔬菜，在生长后期，基部的老叶、老枝经整枝和摘叶已完全去除，其果实也早已收获，形成群体基部的过疏，而对于群体顶部来说，植株已没有多大攀缘空间，这时可将植株茎盘旋下放，降低整个群体的高度，使植株顶部有一个良好的群体分布，这种作业成为茎下落盘蔓，茎下落盘蔓可以较好地调节群内的通风透光。

三、蔬菜植物化学控制

蔬菜化学控制技术就是通过使用天然的或人工合成的植物生长调节剂来调节植物的生长发育。目前，植物生长调节剂在蔬菜生产上应用相当普遍。对于提高蔬菜的光合作用，改变光合产物的分配方向，增产增收，提高品质，提高贮藏性等方面有重要作用。但蔬菜化学控制只起调节作用，还必须配合各项田间管理措施。才能获得更好的效果。生长调节剂在蔬菜生产上的应用主要有以下几个方面：

（一）促进枝条或腋芽的扦插生根

蔬菜采用扦插繁殖，可以增加繁殖系数，提高自交不亲和系或雄性不育系的繁殖率，并能保持品种纯度。应用吲哚乙酸（IAA）、吲哚丁酸（IBA）、吲哚丙酸（IPA）、萘乙酸（NAA）等均能促进插枝的生根，提高成活率。如用 1 000～2 000 毫克/升萘乙酸或吲哚丁酸促进白菜和甘蓝的扦插生根；黄瓜及瓠瓜一般用 2 000 毫克/升萘乙酸或吲哚丁酸处理侧蔓茎段，可有效地促进植株发根成活；番茄侧枝用 50 毫克/升萘乙酸或 100 毫克/升吲哚乙酸浸湿插株基部，对促进生根都有很好的效果。

（二）调控休眠与萌发

1. 打破休眠，促进萌发

种子收获后往往由于胚发育不全，胚在生理上不成熟，种子透性不好及有萌发抑制物质如 ABA 的存在等，因此需要经过一段时间的休眠后才能萌发。用生长调节剂可以打破休眠促进萌发。如马铃薯夏季收获后要经过一段时间的休眠才能萌发，便推迟马铃薯 2 季作的栽培时期且出芽不整齐，大大影响了秋薯的产量，用 0.5～1 毫克/升的赤霉素处理切块；用 GA 处理莴苣种子可以提高其发芽率；乙烯利 20～200 毫克/升浸种马铃薯，可使芽数增多，并延缓退化。乙烯利也可促进生姜萌芽和分株。

2. 抑制发芽，延长休眠

利用生长调节剂可以有效地抑制蔬菜贮存器官，如块茎、鳞茎等贮藏期中的发芽。如用萘乙酸甲酯（MENA）抑制马铃薯在贮藏期中的发芽；用青鲜素、萘乙酸或萘乙甲酯进行处理马铃薯也有延长贮存期、抑制发芽的效果。甜菜、胡萝卜、芜菁等肉质根也可用类似的方法处理以抑制发芽。

(三)控制生长和器官的发育

1. 促进生长,增加产量

赤霉素对绿叶菜促进生长、增加产量的作用是明显的。芹菜、菠菜、茼蒿、苋菜、莴苣等在采收前10～20天全株喷洒20～25毫克/升的赤霉素1～3次,芹菜、菠菜可以增加植株高度、叶面积和分株数,茼蒿、苋菜可增加植株高度和分株数,从而较对照增产10%～30%。

2. 抑制徒长,培育壮苗

无限生长类型的果菜类在肥水多的条件下容易徒长,应用矮壮素250～500毫克/升进行土壤浇灌,每株用量100～200毫升,处理后6天茎的生长减缓,叶片浓绿,植株变矮,这样的减缓作用可持续20～30天,此后可恢复正常生长。用比久(B_9)在菜豆盛花期和结实期喷洒可以增加豆荚品质,减少纤维含量。马铃薯在块茎形成时用3 000毫克/升的B_9作叶面喷洒,能抑制地上部分生长,使大部分花蕾和花脱落,但产量可比对照增产37%,其中中、小型薯块的比例增加。多效唑(PP_{333})在马铃薯现蕾期以50～100毫克/升叶面喷洒,可控制茎叶徒长,促进块茎增大,提高产量达25%以上。此外,整形素、乙烯利也有抑制生长,降低株高的作用,但使用不当会减产。

3. 控制抽薹开花

在蔬菜生产上,对产品器官如叶球、肉质根和鳞茎等形成之前,要抑制抽薹开花,以提高产量和增进品质。然而作为采种栽培时,又要促进抽薹开花,以提高种子的产量和质量。使用不同的植物生长调节剂,如用50～500毫克/升的GA_3喷洒植株或浸其生长点,在不经过低温春化的条件下,可促进胡萝卜、白菜、甘蓝、叶用芥菜、芹菜等的抽薹开花。用500毫克/升的GA_3每隔1～2天滴1次花椰菜的花球,同样促进花梗生长和开花。用100毫克/升的GA_3喷洒植株,可以促进甜菜、菠菜和莴苣在短日照期开花并采种。用100毫克/升的邻氯苯氧乙酸(CIPP)喷洒植株,能显著地抑制芹菜的抽薹开花。甘蓝长有四五片真叶时,用250毫克/升的CIPP喷洒,可抑制先期抽薹。在莴苣开始伸长时,用6 000毫克/升的比久(B_9)喷洒植株两三次,每隔3～5天进行1次,可明显地抑制先期抽薹,增加茎的粗度,提高商品质量。

4. 促进果实发育和成熟

用植物生长调节剂可促使瓜类蔬菜形成无籽果实。有些激素还可以调节果实的发育。如用1%的NAA加1%的IAA羊毛脂涂西瓜雌花,可获得无籽西瓜,并促进果实的膨大生长；用乙烯利可促进番茄果实的成熟；用乙烯利200～500毫克/升处理西瓜，或500～1 000毫克/升在甜瓜收获前5～7天进行处理，或用1 000毫克/升浸西瓜10分钟均可达到催熟作用。

5. 刺激鳞茎、块茎的产生和发育

在洋葱鳞茎开始膨大时，用乙烯利500～1 000毫克/升处理，可使鳞茎生长加速，促进成熟，但鳞茎有些变小。马铃薯栽培过密、土壤过于肥沃或者施肥过多，茎叶生长过于旺盛而出现徒长现象时，就会影响块茎形成与膨大。用1～10毫克/升的整形素，在生长后期喷洒马铃薯植株，能控制地上部的生长，增加马铃薯块茎的产量。马铃薯现蕾期和初花期，用1 000～4 000毫克/升的比久分次处理马铃薯茎叶，可抑制茎叶生长，使同化物更多地向块茎分配，引起落花落蕾，增加块茎数目，从而增加块茎产量。

(四)防止器官脱落

蔬菜作物的许多器官，如花、叶、果实、种子等在生长过程中往往会出现脱落现象，这是植株对环境条件的一种适应。如干旱、营养不足、机械损伤、病虫为害、过湿、温度过高或过低以及乙烯气体存在条件下，植株会发生器官脱落以减少其蒸腾，使植株的营养物质对剩余的器官有一个较为充足的供应。应用防落素、萘乙酸及赤霉素等防止茄果类、瓜类及豆类的落花落果，效果显著，同时对防止落叶也有效果。

(五)控制瓜类的性别分化

激素和生长调节剂可以控制一些蔬菜的性型分化，如赤霉素可以促进瓜类的雄花分化，这对于保持雌性系十分重要。乙烯利可以促进某些瓜类，如黄瓜、西葫芦和南瓜的雌花分化。

(六)提高植株的抗逆性

利用一些生长抑制剂类物质，如CCC、MH、B_9、PP_{333}等通过抑制生长，刺激体内ABA含量的提高，增强植株体内营养物质的积累，从而提高蔬菜作物的抗逆性。但使用不当常常会出现副作用。

(七)蔬菜保鲜

蔬菜产品采收后，仍然在进行必要的呼吸和水分散失，而且这些过程受温度、光照和气体影响较大。化学调节主要是通过防止产品叶绿素分解、抑制呼吸作用，减少核酸和蛋白质降解，从而达到防止蔬菜组织的衰老变色和腐烂质变，延长蔬菜保鲜时期的作用。如甘蓝收获后，立即用30毫克/升的6-苄基腺嘌呤(6-BA)喷洒或浸蘸叶球，可有效地延长其贮藏期。用10～100毫克/升的B_9或CCC在莴笋采收当天喷洒处理，可在8～22 ℃条件下延长其贮藏期。用5～10毫克/升的6-BA

处理莴苣、菠菜、萝卜、胡萝卜等,均能保持这些蔬菜采收时的新鲜状态,提高商品价值。

四、中耕、除草与培土

(一)中耕

中耕是蔬菜生长期间于雨后或灌溉后在株、行间进行的土壤耕作,有时结合除草同时进行。一般在其表土已干时通过破碎其板结层,增加土壤透气性,以促进根系的呼吸和土壤中养分的分解。同时在冬季和春季进行中耕可有效地提高土层温度,促进作物根系发育。切断毛细管作用,减少土壤水分蒸发,使根系所处的土壤环境更适合于作物的生长要求。中耕深度可根据蔬菜根系分布特点和再生能力决定,如番茄等作物,根系再生能力强,切断老根后容易发生新根,可增加根系的吸收面积,因此可深中耕。而对于葱蒜类蔬菜等根系再生能力弱的种类来说,只能进行浅中耕。由于行距的不同,中耕深度也有差异,株行距小的作物可适当浅些。中耕的深度一般在 4～8 厘米,中耕次数依据具体情况而定,一般多在未封垄前进行。

(二)除草

一般情况下,田间杂草的生长速度远远超过蔬菜作物,而且生命力极强,如不及时除掉,杂草就会大量滋生,不但夺去了作物生长的水分、养分和阳光,而且很多杂草又是病原微生物潜伏的场所和传播媒介。除草方式主要有:①人工除草。有时结合中耕进行,方法是用小锄头在松土的同时将杂草铲出,比较费工,效率低,但除草质量好,目前仍有应用。②机械除草。效率高,但容易伤害植株,而且除草不彻底,需要用人工除草作为辅助措施。③化学除草。化学除草是利用化学除草剂的生态选择性、生理选择性和生物化学选择性进行除草。化学除草剂种类很多,应根据蔬菜种类有选择地使用,如十字花科蔬菜常用氟乐灵、拉索、毒草胺等乳油;茄果类常用地乐安、拿扑净等乳油;葱蒜类多用二甲戊灵等。一般是在出苗前和苗期应用,以杀死杂草幼苗或幼芽,而不影响蔬菜作物正常生育。用化学药剂除草,不仅可以减轻繁重的体力劳动,而且可以不误农时。为此,必须了解各种杂草的生物学与生态学特性,掌握它们的发生规律和生长发育特点,以便达到理想的效果。目前菜田化学除草多采用土壤处理法,较少用茎叶处理法。

土壤处理法要求土地平整,土壤要细碎松软,施药时以及施药后的一段时间内,田间要经常保持湿润,创造杂草集中发芽的有利条件,以利于在药效高峰期集中消灭。如果受土壤干旱等不利因素的影响,杂草种子往往不能萌发,或发芽生长很不一致,错过药效高峰期,药效将明显降低。在施药前,先浇 1 次水,使土壤表面紧实而湿润,既给杂草萌发创造了条件,又能使药剂处理层不会因下次再浇水使土壤表面发生移动而受到破坏。施药后1个月内不要中耕以保护药剂处理层。适时施药是应用除草剂效果的关键问题。凡由种子繁殖的蔬菜作物，在播种后出苗前（简称“播后苗前”）杂草在萌动时施药效果最好，倘若施药过晚，杂草逐渐长大，对药剂的抵抗能力也越来越强，防治效果也就会不断降低；如施药太晚，甚至作物已经出苗时再施，有时会因药剂直接接触作物幼芽而引起药害。至于移栽的蔬菜作物，必须在缓苗后杂草正在萌动时施药，未缓苗就施药，容易引起药害；反之施药太晚，杂草已成长，药效就会降低。

土壤处理方法包括喷雾法、喷洒法、泼浇法、随水法、毒土法等。根据作物杂草生长情况、药剂性质和施药设备条件来确定适宜的施药方法，以期达到安全、有效的目的。使用方法主要有以下几种：

（1）喷雾法　目前应用广泛、防效较好的一种方法。先将称量过的药品加入少量水调匀，然后加水至所需要的量配成药液。一般情况下每公顷地用1 500千克水左右。将配好的药液装入喷雾器内喷雾，作土壤处理或茎叶处理。此法用水量少，施药效率高，防效好，尤其是雨后或灌溉后土壤潮湿的情况下，效果就更好。

（2）喷洒法　即用喷壶喷洒药液，配药方法同上，只是将每公顷的喷药用水量增加至750～1 500千克，优点是喷洒药液均匀，药剂处理层厚，防效高，安全。在土壤干旱的条件下，若用此法效果尤为显著。但与喷雾法相比费人工，用水量较大。

（3）泼浇法　配药方法同上，每公顷地施药用水30 000～37 500千克。可以和浇水、施肥结合进行施药，能省掉单独施药的人工费。此法适宜在干旱条件下使用，但要泼浇均匀，如泼得不均匀，对杂草的防效就差，同时由于药剂的局部集中容易造成药害。

（4）随水浇法　即将称量过的药剂配成一定浓度的药液，然后随浇水施入垄沟，随水流入畦内，可避免药液直接沾染于作物叶片上，从而减轻或避免药害。缺点是施药不易掌握均匀，在沙性强的土壤条件下，应用水溶性除草剂时应当注意防止药害的产生。

（5）毒土法　将药剂与一定量的过筛细潮土（一般含水量60%）混合配成毒土，撒施到土壤表面。每公顷地用750千克细潮土与药剂均匀混合，让药剂和土壤能够充分吸收，然后均匀扩散于土壤表层，这样能形成均匀的药剂处理层，有利于药剂挥发，否则药效就会降低。

（6）茎叶处理　即将药剂直接喷施于杂草基叶上，通过基叶吸收作用而达到除草的目的。处理时间可选择在作物播后、出苗前或出苗后。须速用选择性强的除草剂，在杂草对药剂敏感的时期，以及作物对药剂抵抗力强的时期进行处理。茎叶处理一般采用喷雾法。

为达到安全和有效的目的，除严格掌握施药时期和采用安全的施药方法外，还必须确定适宜的施药量。除草剂的施药量因种类不同而有很大的差异。而同一除草剂(如烟嘧磺隆)在不同地区(如南方和北方)，在同一地区不同季节(如春季和夏季)，在不同土壤条件下(如黏土和沙土)，对不同的杂草(如单子叶杂草和双子叶杂草)、不同作物或同一作物的不同生育时期，其施药量均不相同。甚至同一除草剂其不同的剂型(75%烟嘧磺隆水分散颗粒剂和4%烟嘧磺隆可分散油悬浮剂)，或同一除草剂因产地不同或生产时间不同，其药效也有明显差别。这是由于不同的剂型、不同产地的工艺流程不同对药效均有影响。因此，确定适宜的施药量，必须根据当地的具体条件而定。

(三)培土

培土是在植株生长期间将行间土壤分次培于植株根部的耕作方法，一般结合中耕除草进行。北方地区的趟地就是培土的方式之一，南方地区培土作业可加深畦沟，利于排水。

培土对不同种类蔬菜的作用不同。大葱、芹菜、韭菜、石刁柏等进行培土后可使产品器官软化，增进产品品质；马铃薯、芋、生姜等地下根、茎类蔬菜，培土可促进产品器官形成与膨大。培土可以防止植株倒伏，具有一定的防寒、防热作用。有利于加深土壤耕层，增加空气流通，减少病虫害的发生。爬蔓瓜类作物的压蔓也与培土类似，可以防止植株徒长，诱导产生不定根，起到了增加水分和养分吸收的作用。

五、良种繁育

(一)蔬菜优良品种繁育的任务

蔬菜优良品种繁育的任务主要是迅速繁殖新选育或新引进的优良品种的种子。保持和不断提高品种的优良性状和纯度。通过合理的良种繁育组织，严格的制种操作规程和种子检验制度，以保证优良品种种子的高质量。

(二)蔬菜良种繁育的特点及其地位

1. 集约化程度高

蔬菜良种繁育基地同蔬菜生产基地一样，一般都安排在近郊。良种繁育基地要求土地高度园田化、生产组织高度专业化、栽培技术高度科学化。在经营上表现为高成本、高产值。

2. 生产周期长

蔬菜良种繁育，有的当年采种，有的第二年采种，有的甚至第3年才能采种，例如：甘蓝、大白菜等母株采种需要经过两年的时间；洋葱、韭菜采种要经过三年的时间。

3. 品种繁多

同一地区同时栽培的品种通常有3～5个，有时多达10个，既有主栽品种，又有搭配品种，这种有主次的安排在良种繁育工作中是不容忽视的。

4. 调种引种区域广

多数蔬菜生育期较短，南、北方可进行大范围调种引种，并取得良好的增产效果。北方高纬度地区所繁殖的马铃薯种和甘蓝种子，引到低纬度的南方，表现显著高产。长城以南地区的洋葱、黄瓜良种生产成本较低，其种子引至东北和内蒙古等高寒地区栽培完全适应；山东的秋香菜种子引入内蒙古的东北地区，表现出高产，晚抽薹，而当地繁育的种子就不如引入的。国际间也是如此。

5. 品种更新快

在生产过程中，不断以新的更为理想的品种取代原有品种，达到高产、优质、早熟等目的。蔬菜品种更新较其他作物快得多。不少品种生产上只使用5年以上便被新品种取代。

6. 种子生产与商品菜生产不同

商品蔬菜的产品，有的是嫩果，有的是营养器官，而只有少数蔬菜是以成熟果实为产品。而其种子生产，都必须达到果实成熟。同时在商品菜生产中，留种是无法完全保证种子质量的。所以蔬菜良种生产必须实行专业化，建立专门的蔬菜良种繁育基地，并严格执行良种繁育程序和生产技术措施才行。

(三)种子基地的建设

种子的生长与发育有着自身的规律性，并且受一定环境条件的制约，这就需要采用科学的栽培技术进行种子生产，要建设好巩固的多级专业化种子生产基地。种子基地包括原种场，良种场及种子田。种子基地应选择技术力量强、生产水平高、自然隔离条件好、交通方便、繁种积极性高的地方。

(四)蔬菜优良品种种子繁育的制度

1. 蔬菜优良品种种子的分级繁殖

较简单原始的蔬菜种子生产方式，是每年从生产田内选取一部分植株作种株进行采种。这种方法生产的种子数量有限，同时不易做到严格选择，另外，更因隔离困难，不但容易发生混杂退化，而且退化后又无原种种子加以更新。为保证种子质量和降低种子生产成本，在蔬菜种子生产中应建立分级繁殖制度，设置专门的种子生产基地，逐渐扩大繁殖。

2. 蔬菜种子生产程序

蔬菜种子的生产程序采用四级制为好。分为原原种(育种者种子)、原种(基础种子)、良种(登记种)和生产用种(合格种)。

(1)原原种　又称超级原种,其遗传性比较稳定,成株表现有优良的抗逆性、丰产性、优质性。原原种的品种典型性最强,纯度最高,增产效果也最好。故原原种一般数量较少,都由育种者或引种者控制生产。

(2)原种　有的国家称为基础种子。它是由原原种繁殖出来的种子,不仅是原原种的继续,还与原原种的亲缘关系最近。原种在各项技术指标上仅次于原原种,其品种典型性强,生产力高,种子质量最好,种子数量较少,因此,必须扩大繁殖才能满足种子生产的需要。一般多在条件较好的原种场进行生产。

(3)良种　又称种子用种。由原种繁殖出来的种子,用来繁殖生产用种的种子,良种多在良种场或条件较好的农场繁殖。

(4)生产用种　或称生产种,由良种繁殖出来的,直接作为生产栽培的种子。其生产方式多种多样,但必须严格隔离,同时采取较好的栽培技术。蔬菜良种的繁殖程序因蔬菜种类、种子生产经营条件等因素而不同。

第六节　食用菌栽培基础

一、菌种生产概述

(一)菌种的概念

广义菌种是指具有繁衍能力、遗传特性相对稳定的繁殖材料,包括孢子、组织或菌丝体等。通常生产上所用的菌种,是指以适宜的营养培养基为载体进行纯培养的菌丝体,也就是菌丝体及其所生长的培养基的混合物。

在自然界中食用菌主要是依靠孢子来繁殖后代的,食用菌的孢子相当于植物的种子,孢子借风力、水流和动物等传播到适宜的环境下萌发成菌丝体,菌丝体生长繁衍到生理成熟后,在一定条件下形成子实体,并产生下一代孢子。但是在人工栽培时,由于孢子很微小,人们无法利用孢子直接播种,通常采用孢子或子实体组织、菌丝组织体萌发而成的纯菌丝体作为播种材料。菌种在食用菌生产中起着决定性的作用,菌种的优劣直接关系到食用菌生产的成败。

(二)菌种的类型

1. 根据来源、繁殖代数及生产目的分类

食用菌菌种按物理性状分为固体菌种和液体菌种。在生产实际中,应用最为广泛的是根据菌种的来源、繁殖代数及生产目的分类,可分为母种、原种和栽培种三级。

(1)母种　从自然界首次通过分离而得到的纯菌丝体称为母种,包括继代培养的菌种。母种是菌种生产的第一程序,菌丝体的代谢能力较弱,对培养基的要求比较高,一般采用试管培养基进行培养,因此又被称为一级菌种或试管种。母种主要是用于繁殖原种和菌种保藏。

(2)原种　母种扩接在固体培养基上获得的菌种称为原种。一般是将母种接种到装有木屑、棉籽壳、谷粒、稻草等培养基的菌种瓶(袋)中进行培养,因此原种又被称为二级菌种或瓶装种。母种经固体培养基进行培养形成原种的过程中,菌丝体对培养基有了一定的适应能力,且生长也比较健壮,因此,原种也可以作为栽培种直接用于大田生产。

(3)栽培种　由原种扩大培养而得到的菌种称为栽培种,常称为生产种或三级菌种。栽培种一般只用于生产,不能用于再扩大繁殖菌种,否则会导致生活力下降,菌种退化,造成损失。

2. 根据培养基的物理特性不同分类

(1)固体菌种　用固体培养基培养的菌种为固体菌种。固体菌种对设备、工艺、技术等要求较低,实际生产中最为常见,缺点是菌龄长,菌龄不一致,发酵率低等。

(2)液体菌种　采用液体培养基培养的菌种,菌丝体在液体中呈絮状或球状,对工艺、设备、技术要求较高。液体菌种平均制种时间为 3 天左右,而固体菌种一级到三级的转代培养一般需 2～3 个月,液体菌种培养时间是固体菌种的 1/10。液体菌种具有生产周期短、发酵率高、菌龄一致、成本低、接种方便等特点,更有利于食用菌生产的标准化、工厂化和周年化,是菌种生产的方向。

二、母种生产

(一)食用菌组织分离

菌种分离

将有价值的子实体的局部组织或孢子移接在斜面试管培养基上,获得纯培养菌丝的操作称为菌种分离。

食用菌的菌种分离分为孢子分离法、组织分离法和基内菌丝分离法 3 种。其中,孢子分离法属有性繁殖,组织分离法和基内菌丝分离法属无性繁殖。

1. 孢子分离法

孢子是食用菌的基本繁殖单位,用孢子来培养菌丝体是制备食用菌菌种的基本方法之一。孢子分离法是利用子实体上产生的成熟有性孢子分离培养获得纯菌种的方法。孢子分离法有以下几种：

①种菇孢子弹射法　选择群体生长势强的优良个体,并要求特征典型、外表清洁、成熟度适当,无病虫危害的子实体作种菇。根据子实体的不同形态,采集孢子的方法有两大类。

整菇插种法:这是伞菌类食用菌的孢子采集方法。将种菇经表面消毒后,在无菌操作下插入无菌孢子收集器内,置适温下让其自然弹射孢子。在无菌条件下,将孢子稀释成悬浮液,接种到 PDA 培养基上,萌发成纯菌丝体即成菌种。

悬钩法:取成熟菌盖的几片菌褶或一小块耳片(黑木耳、毛木耳、白木耳),用无菌不锈钢丝(或铁丝、棉线等其他悬挂材料)悬挂于三角瓶内的培养基的上方,勿使其接触到培养基或四周瓶壁。置适宜温度下培养、转接即可。

②孢子印分离法　将成熟的新鲜的子实体,经表面消毒,切去菌柄,菌褶向下,放在无菌的黑色或白色纸上,白色孢子用黑色纸,深色孢子用白色纸,用通气钟罩罩上,20～24 ℃静止放约 24 小时,轻轻拿去钟罩,这时大量的孢子已落在纸上,再从孢子印上挑取少量孢子移入试管培养基上培养。

③菌褶涂抹法　取成熟的伞菌,切去菌柄,在接种箱内用 75%酒精对菌盖、菌柄表面进行消毒,然后用经火焰灭菌并冷却后的接种环插入两片菌褶之间,并轻轻抹过菌褶表面,此时接种环上就粘有大量的孢子,可用划线法将孢子涂抹于 PDA 试管斜面上或平板上,适温下培养,数天后就会萌发成肉眼可见的菌丝体。

④多孢子分离方法　香菇、平菇等伞菌成熟后,大量的孢子会自动弹射出来,在子实体周围形成似烟雾的"孢子云",这时可将培养基平板或装有培养基的试管口对准孢子云飘动的方向,使孢子附着在培养基表面,盖上皿盖或塞上棉塞培养。空中孢子捕捉法,优点是操作简单,没有不孕现象,是孢子分离的基础,但应用有局限性。

⑤单孢子分离法　所谓单孢子分离法即从收集到的多孢子中将单个孢子分离出来,分别培养,作为育种材料。该法是食用菌杂交育种常规手段之一,也是研究食用菌遗传学不可少的手段。操作比较简单,成功率较高的方法有平板稀释法、连续稀释法和毛细管法等。

2. 组织分离法

组织分离法是采用食用菌子实体或菌核、菌索的任何一部分组织,也是培养成纯菌丝体的方法。食用菌组织分离法具有操作简便,分离成功率高,便于保持原有品系的遗传特性等优点,因此是生产上最常用的一种菌种分离法。

采用子实体的任何一部分如菌盖、菌柄、菌褶、菌肉进行组织培养,都能分离培养出菌种,但是生产上常选用菌柄和菌褶交接处的菌肉作为分离材料,此处组织新生菌丝发育完好，菌丝健壮，无杂菌（在培养某一食用菌时，污染的其他微生物）污染，采用此处的组织块分离出的菌种生命力强，菌丝健壮，成功率高。不建议使用菌褶和菌柄作为分离材料，因为这些组织主要在空气中暴露，容易被杂菌污染，菌丝的生活力弱，分离成功率低。

（1）子实体组织分离法

①伞菌类组织分离。将种菇在无菌接种箱内用 0.1%的升汞水浸 0.5～1 分钟，再用无菌水冲洗并揩干，或用 75%酒精棉球擦拭菌盖与菌柄 2 次，进行表面消毒。接种时，将种菇撕开，在菌盖和菌柄交界处，挑取一小块组织，移接到母种培养基上，置 25 ℃左右温度中培养。待菌丝长至斜面 1/2 时，挑菌丝尖端丝转管，培养成再生母种。将再生母种扩成原种、栽培种，使其出菇。选择高产、优质的母种，用于扩大培养。

②胶质菌组织分离（以黑木耳为例）。胶质菌类耳片较薄，具有一定的韧性，不易进行组织分离。一种方法是将耳片用无菌水反复冲洗，用无菌纱布吸干水分，再用酒精棉球擦拭消毒，然后用解剖刀将耳片切成 0.5 厘米 2 小块，移入培养基，于 28 ℃下进行培养；另一种方法是剖取尚未展开耳片的耳基团内的组织块进行分离。

（2）菌核组织分离法（以茯苓为例）　茯苓、猪苓、雷丸等菌的子实体不易采集，而常见的是它贮藏营养的菌核。用菌核分离，同样可以获得菌种。方法是选择幼嫩、未分化、表面无虫斑、无杂菌的新鲜个体。将菌核表面洗净，用 75%酒精或 0.1%的升汞消毒后，在无菌条件下将菌核剖开，于菌核皮附近取蚕豆大小的菌核组织，接种在 PDA 培养基斜面上，于 26～30 ℃中培养。应注意的是，菌核是贮藏器官，大部分是多糖类物质，只含有少量的菌丝，因此挑取的组织块要大一些，如果组织块过小，则不易分出菌种。

（3）菌索分离法　有些食用菌子实体不易找到，也没有菌核，可以用菌索进行分离，如蜜环菌、假蜜环菌。其操作方法是先选取粗壮、无虫蛀的菌索数根。先将表面的泥土、杂物冲洗干净，吸干水分后带入无菌接种箱。用 75%酒精棉球消毒菌索表面，再用经灭菌的锋利的解剖刀将菌鞘割破后小心剥去，注意不要割断，抽出白色菌髓部分。用无菌剪刀将菌髓剪一小段，接种在培养基上，保温培养，即得该菌菌种。也可将菌索生长点切断，用无菌水冲洗数次，然后用尖头镊子夹住并插入含氮较高的培养基内，利用菌索厌氧生长习性，穿入培养基内。当菌索大量繁殖后，将试管底击破，取含有菌索的培养基琼脂块移入新的培养基。

（4）基内菌丝分离法　基内菌丝分离法是利用食用菌生育的基质作为分离材料，取得纯菌丝的一种方法。一般是在得不到子实体或子实体过小又薄，采用组织分离或孢子分离难以得到菌种的情况下采用。像银耳等有伴生菌的菇类也常采用基内菌丝分离法。

①菇木分离法　菇木分离法又称耳木分离法、寄主分离法、基内菌丝分离法。

菇木的选择:在该菌的生长季节,选择子实体大而肥、颜色和形态正常、无病虫害、杂菌少、腐朽程度较轻的新鲜菇木或耳木作种木。

菇木的消毒:采集到的菇木,取长子实体的部位两侧各1～2厘米的木段,通过酒精灯火焰往复燎过数次,烧死表面的杂菌孢子,除去树皮和无菌丝的心材部分,送入消毒灭菌过的接种箱内,将木片浸入0.1%的升汞或75%的酒精溶液中浸泡1分钟,上下不断翻动,然后用无菌水冲洗,要反复冲洗数次。

分离:用无菌纱布把木片上的水吸干,放到干净的无菌纱布上,用无菌刀切成火柴梗大小,移接到斜面培养基的中央。

培养:在22～25 ℃中培养2～3天后,菇木条上一般就会长出白色菌丝,在培养过程中每天都要检查有无杂菌感染,并及时淘汰感染的试管。经培养纯化、出菇试验,最后从中挑选出生长发育好的作母种。

②土中菌丝分离法　利用腐生菌的地下菌丝体分离得到纯菌种的方法,是在取不到子实体而又需要时才采用。具体方法是取腐烂菇体下与菇根相连的菌丝体,尽可能选择粗壮的菌丝束,拿回后用流水轻轻反复冲洗,最后用无菌纱布吸干,取菌丝束的尖端部分,接入加有抗生素的培养基中,25 ℃左右培养。选择没有杂菌感染的纯菌丝体,进行出菇试验,待长出子实体就能确认是不是所需要的菌种。

三、母种扩繁

(一)菌种纯化方法

菌丝分离后,在培养初期必须判断菌丝是否已被杂菌感染。为此,宜将萌发的一小段菌丝移接到新的培养基上,再次判断是否有杂菌感染。如果已确定被污染,可以使用下述混有抗霉剂或抗生素的培养基或其他技术措施将污染除去。

1. 选择性培养基

从腐朽严重的木材块上分离菌丝时,新生菌常会伴随各种各样的细菌、霉菌出现。这种情况可使用选择性强的抗霉剂培养基,如多菌灵(MBC)。还有对细菌类有效的抗生素如四环素、氯霉素等30毫克/升加入培养基内,抑制细菌的出现。抗霉剂使用浓度为5～10毫克/升。此外,还可以在培养基内添加金霉素20～30毫克/升、链霉素30～40毫克/升或高锰酸钾50毫克/升。

2. 排除细菌性或酵母菌污染

菌种分离操作复杂,分离物来自野生菌类或栽培场,因此,细菌性污染概率高,时常会出现黏稠状或油滴状的菌落。为了排除污染，除孢子分离外，凡是采用组织分离，基内菌丝分离，均应将分离物接种在无冷凝水、硬度高（增加琼脂用量至2.3%～2.5%）的斜面上，再降温至15～20 ℃。利用某些大型真菌在温度较低时菌丝生长比细菌快的特点，用尖细的接种针切割菌丝的前端，转接到新的斜面培养基中培养，连续2～3次就能获得纯菌丝。也可以用接种铲将斜面污染的细菌菌落铲掉，打破试管，挑取基内菌丝，移入无冷凝水的培养基上，这种方法适用于菌龄较长、被好气性细菌污染的试管。

3. 排除霉菌污染

分离后进行培养，一旦发现颜色明显的霉菌小斑点从接种块处形成，最好放弃。如由同一材料分离得来的各支试管都是如此，那就要重新分离。如霉菌仅出现在分离块附近，是接种时无菌操作不严格造成的。如霉菌菌落刚出现孢子，孢子未成熟时，尚未变色，可采用菌丝切割法提纯。如霉菌菌落颜色已加深，意味着众多分生孢子成熟，稍一振动，孢子就会飘散在培养基表面，再行前端切割术提纯意义不大。如菌丝蔓延范围较大，可将1%多菌灵湿滤纸块盖在霉菌菌落上，防止提纯时，霉菌孢子扩散。然后用火焰灭菌过的接种铲将分离物表层铲掉，用另一接种针钩取分离物位置下的基内菌丝，移入新的培养基。

4. 菌丝再提纯

采用如前述切割法或基内菌丝挑取法，大多数能获得菌丝，但也不能排除另一种菌丝混杂在其中，特别是采用菇木分离法时，这种危险性出现的概率较高。为了保持其纯度必须对菌丝再提纯。

为了便于判断分离培养后菌落的纯度，将菌丝块接入琼脂培养皿内培养。如是纯菌丝，培养后的菌落会逐渐向四周呈辐射状散开，外缘十分整齐。如菌种不纯，混有其他真菌，菌丝生长速度不一，菌落外缘参差不齐。另外，再提纯时可将菌落中生长速度较为一致的部分菌落，用菌丝切割法提纯。

(二)组织分离的工艺流程

接种准备→种菇选择→接种环境处理→移取组织块→接种培养→转管纯化

接种箱或超净工作台、手术剪刀、尖头镊子、普通镊子、培养皿，烧杯（中、小3～5只/箱，用于盛放废物、冲洗种菇等）、吸水纸、酒精棉球、火柴、酒精灯、记号笔、口取纸、种菇、空白斜面培养基、95%酒精、75%酒精等。

1. 种菇的选择

种菇应选择头潮菇、外观典型、大小适中、菌肉肥厚、颜色正常、尚未散孢、无病虫害的优质单朵菇。

2. 接种环境的处理

先用2%来苏尔清洁接种箱内外，放入种菇及分离菌种所需的物品，用食用菌专用气雾剂熏蒸30分钟左右。

如用超净工作台接种，可用消毒液擦拭台面后放置接种所需物品，开启紫外灯及风机，照射20分钟后使用。

3. 移取组织块

先将种菇消毒，在接种箱内或超净工作台的无菌区，用镊子夹着燃烧的酒精棉球迅速擦拭菇体。将菇体撕开，用经火焰灭菌的接种针或用无菌尖头镊在柄盖交界处取黄豆粒大小的组织块，放在试管培养基斜面中央，塞好棉塞，将个别组织块接种位置偏离的试管调整好，一般一个菇体可以分离6～8支试管，每次接种在30～50支试管，以备挑选用。

4. 贴标签

标签上注明菌种名称、编号、来源和日期。

5. 培养

每10支1捆，置于25 ℃左右的恒温培养箱中培养。2～4天后可看到组织块上长出白色绒毛状菌丝体，周围无杂菌污染，表明分离成功。

6. 转管与纯化

组织分离得到菌种后，再转到新的斜面培养基上，并认真观察菌丝萌发情况。在菌丝团直径接近1厘米时，挑选色泽纯、健壮、长势正常、无间断的菌丝，在接种箱或超净工作台内，用接种针将菌丝的前端移接到新的试管培养基上。在23～25 ℃的恒温条件下，培养7～10天，待菌丝长满管后，再进行观察，从中择优取用。

(三)食用菌原种和栽培种培养基

食用菌原种和栽培种的营养要求基本相似，因此可以采用相同的培养基配方，一般都是以天然有机物质外加一定比例的无机盐类配制成半合成的固体培养基。但是从菌丝的发育进程和分解养料能力上来说，原种对培养基的要求比栽培种要更精细，营养成分更丰富一些。栽培种培养基则更粗放、广泛些。常用的培养基有以下几种：

(1)木屑麸皮培养基　木屑(阔叶林)78%，麸皮(或米糠)20%，石膏粉1%，蔗糖1%，料水比1∶(1.2～1.5)，pH为6～6.5。适用于香菇、平菇、木耳、银耳等木腐菌的原种、栽培种的培养。

(2)棉籽壳培养基　棉籽壳78%，麸皮(或米糠)20%，石膏粉1%，蔗糖1%，料水比1∶(1.2～1.5)，pH为6～6.5。适用于平菇、金针菇、木耳、猴头菇、灵芝等一般食用菌原种、栽培种的培养。

(3)稻草麦麸培养基　干稻草80%,麸皮(或米糠)18%,石膏粉1%,蔗糖1%,水适量,pH为6～6.5。适用于草菇、平菇等原种、栽培种的培养。

(4)玉米芯培养基　玉米芯(粉碎)80%,麸皮(或米糠)18%,石膏粉1%,过磷酸钙1%,料水比1∶(1.2～1.5),适用于猴头菇、平菇、金针菇、木耳等原种、栽培种的培养。

(5)粪草培养基　粪草(粪草比3∶2发酵)90%,麸皮(或米糠)8%,石膏粉1%,蔗糖1%,料水比1∶(1.2～1.5),pH为7～7.2。适用于双孢蘑菇、草菇原种、栽培种的培养。

(6)甘蔗渣培养基　甘蔗渣79%,麦麸(或米糠)20%,石膏粉1%,料水比1∶(1.2～2),pH为6～6.5。适用于木耳、金针菇、猴头菇等原种、栽培种的培养。

(7)谷粒培养基　麦粒(小麦、大麦、谷子、高粱粒等煮熟)98%、石膏粉2%,pH为6～6.5。适用于多种食用菌原种、栽培种的培养。

(8)草粉培养基　稻草粉(或麦草粉)97%,石膏粉1%,蔗糖1%,过磷酸钙1%,适用于草菇原种、栽培种的培养。

(9)枝条培养基　阔叶树的木块、木签及枝条等10千克。麦麸(或米糠)2千克,红糖0.4千克,碳酸钙0.2千克,水适量。适用于香菇、侧耳类食用菌原种、栽培种的培养。

四、固体菌种(根据培养基不同分类)

(一)木屑原种生产

1. 生产准备

(1)设备设施　高压灭菌锅、接种箱或超净工作台、恒温培养箱、培养室等。

(2)用具　拌料工具、接种铲、酒精灯等。

(3)材料　菌种袋、封口材料,按配方准备木屑、棉籽壳或玉米芯、麦麸子、石膏、石灰等。

2. 培养基制作

制备过程包括:材料准备、拌料、装袋(瓶)、灭菌、接种、培养等工艺流程。

(1)培养基的配制　按配方比例称取各物质,把过筛后的木屑、麦麸、石膏搅拌均匀,将蔗糖溶于水拌入料中,加入适当比例的水充分搅拌均匀,料水比一般为1∶(1.2～1.5)。

(2)装袋(瓶)　培养基配好后,应立即进行装瓶(或装袋)。用聚丙烯折角袋或500毫升PP瓶,装瓶时木屑培养基装到瓶肩,要上下松紧一致,用机械装料。装袋要求松紧适度,切不可装得过松。培养料需紧贴袋壁。

(3)灭菌　将料袋(或瓶)装入高压锅或常压锅进行灭菌。装锅时,分层排列,灭菌袋(瓶)不能互相挤压,留有一定的空隙,摆满一层后,上层的摆放方法同第一层。采用常压蒸汽灭菌时要注意先用旺火猛烧,在最短的时间内将锅烧开,达到100 ℃后维持 10～12 小时,再闷一夜第二天早晨出锅,要求攻头、控中、保尾,确保灭菌彻底。

3. 接种

将冷却后的原种培养基、母种、酒精灯、火柴及接种工具等用品放入接种箱或超净工作台内。接种前必须对接种室或接种箱进行消毒,以保证在无菌条件下,进行严格的无菌操作。

采用无菌接种技术,先用接种铲弃去母种前端 1 厘米左右菌种,然后将斜面横向切割成 5～8 段,将每段连同培养基一同挑出并接入瓶(袋)内接种穴处。

4. 培养

由于菌丝体在生长发育过程中进行呼吸作用产生热量,致使培养料温要比培养室温高 1～4 ℃,因此培养室的温度应控制在比该菌种最适温度低 2～3 ℃。空气相对湿度的要求一般在 60%～70%。如果在加温条件下培养,室内的相对湿度应保持在 65%左右,可以使用空气加湿器或培养室地面洒水等方法来提高湿度。注意培养室的通风换气,一般每天进行通风 1～2 次,每次 20～30 分钟。二氧化碳浓度控制在 0.25%以下。培养室要求要避光、阴暗。

(二)谷粒原种生产

1. 生产准备

(1)设备设施的准备　高压灭菌锅、接种箱或超净工作台、恒温培养箱、培养室。电炉子、锅、漏勺(孔隙适中)、大盆、拌料工具、接种铲、酒精灯等。

(2)材料准备　原料的选择,无论小麦、玉米还是谷子,最好用储存一年的籽粒,因新籽粒制作的菌丝吃料慢,长势较弱。并且要选用颗粒饱满、圆润、无破粒、无虫蛀、无杂质的优良籽粒。

通常用麦麸或者棉籽壳、木屑,作为麦粒间空隙的填充物。

常用的谷类培养基配方有:

①小麦 99%,石膏 1%。

②小麦 85%,木屑 10%,米糠(麸皮)3%,石膏 1.5%,食盐 0.5%。

③谷粒 98%,石膏 1%,石灰 1%。

④玉米 99%,石膏 1%。

(3)菌种的选用　检查母种的纯度和生活力,检查菌种内或棉塞上有无霉菌斑和细菌菌落。在冰箱中保存的母种使用时要提前取出,活化 1～2 天再用。

2. 培养基制作

(1)浸泡预煮　选取籽粒饱满的小麦粒，将麦粒中的杂质挑出，清洗干净。浸泡容器内，加入2%石灰水，倒入小麦粒，用木耙翻动、搅拌均匀，去除表面漂浮物。麦粒冬季浸泡24～48小时，夏季浸泡18～24小时。夏天制作时，隔夜应更换石灰水，冲洗干净，捞出沥干，投入沸水中煮10～15分钟，使麦粒从米黄色转为浅褐色，表皮不破，无白心，无淀粉渗出。切忌煮开花。

(2)拌料　将煮好的麦粒捞出，摊晾，厚度10～20厘米，使表面水分晾干(如果籽粒过干或不熟，灭菌后易造成上层失水，含水量不足，这样接种后菌丝稀疏，甚至难以发菌。如含水量高，接种后早期菌丝生长旺盛，后期会出现菌丝衰老自溶现象或徒长而形成菌膜，籽粒成团，不仅易感染杂菌，而且菌丝也难以长入籽粒内)。

用麦麸或者棉籽壳、木屑，作为麦粒间空隙的填充物效果更好，木腐生菌类一般添加10%左右的木屑，料∶水＝1∶0.5。将木屑、轻钙混匀后铺撒在麦粒表面，要拌匀。

(3)装瓶　把已拌匀的麦粒装入菌种瓶，适当抖动瓶子将麦粒装到菌种瓶肩即可，随后在麦粒上面加盖拌好的木屑培养料，防止麦粒的散动；另一方面也有利于接种物的快速萌发定植，防止杂菌与麦粒接触，减少污染率。

(4)灭菌　麦粒菌种一般采用高压灭菌，在126℃左右即灭菌压力为0.15兆帕，保持2.5小时。灭菌后，待压力降至零后15分钟取出。立即放在干净的室内冷却，同时在麦粒菌种瓶外覆盖保温，让其逐渐冷却，防止产生过多的冷凝水，造成麦粒胀破。

3. 接种

接种的无菌操作规程和母种转管的无菌操作基本相同。接种利用接种室，按照无菌操作规程，3个人配合进行接种。具体操作是：在酒精灯火焰附近，1人负责铲取菌种，1人负责打开袋(瓶)口，2人配合将菌种接入，打口的人同时负责迅速封口。第3个人负责搬动待接的原种菌种瓶(袋)及喷消毒药等工作。3人配合动作要迅速，每1次接种的时间夏季以1小时左右为宜，冬季可以适当延长。这种方法方便、快捷，处理量大，接种效果很好。

4. 培养

少量原种可放入恒温培养箱中培养，也可在培养室培养。培养室应事先清扫干净，并严格消毒。

(1)菌种瓶摆放　应先竖放，当菌丝萌发定植后，改为横卧叠放。因为竖放菌种瓶，瓶塞易沉积灰尘和杂菌，瓶内的培养料中的水也易下沉，使上部干燥下部积水，菌丝难以吃透料。横放的菌种瓶可经常转动，使瓶内水分分布均匀。

(2)适时检查　开始每天查看一次,检查菌种生长状况和有无杂菌污染。有杂菌要及时清理。若培养3～5天菌种未萌发,应挑出来单独培养,一周仍不萌发,应补接菌种。当菌丝长满料面并深入料内1～2厘米后,可改为5～7天检查一次。

5. 环境调控

适宜温度为20～25 ℃,空气的相对湿度控制在60%左右为宜。要求暗光发菌,培养室通风良好。注意调整培养室的温度,起初应保持菌丝生长的适宜温度,使菌丝能尽快生长、吃料,当菌丝快长满瓶时,要降低培养温度2～3 ℃,使菌丝健壮、增强生活力。

(1)注意调节空气、光照和湿度　要保持室内空气新鲜(经常通风换气),避免强光照射(应遮光),避免空气湿度过大(可减少污染)。

(2)菌种长满后7～10天应及时转接　若菌种(特别是原种)培养、保存时间过长,会使菌丝生活力下降,菌丝老化甚至形成子实体原基,还可能造成后期污染。因此,长满袋(瓶)的菌种如果不能立即使用,要放在0～10 ℃及以下的环境中,可保藏1～3个月。

(三)栽培种生产

1. 拌料

按照配方比例称取各物质,用拌料机搅拌。培养料加水量应考虑夏天拌料少加水,新料少加水,辅料添加量大时少加水,棉籽壳绒少时少加水,木屑为主料时少加水。含水量为60%左右,不可过多。

2. 装袋

培养基配好后,应立即进行装瓶或用装机装袋。装好的料袋口收紧套上套环,使圈套紧贴栽培料面扣盖封袋口,封好后轻轻放入周转筐内准备灭菌。

3. 灭菌

将料袋或瓶装入高压锅或土蒸灶里进行灭菌。装锅时,分层排列,灭菌袋(瓶)不能互相挤压,要留有一定的空隙,摆满一层后,上层的摆放方法同第一层。采用常压蒸汽灭菌时要注意先用旺火猛烧,在最短的时间内将锅烧开,达到100 ℃后维持12小时左右,再焖一夜,第二天早晨出锅,要求攻头、控中、保尾,确保灭菌彻底。常压灭菌操作时要做到"三防止":一要防止中途降温,灭菌过程中,中途不得停火,如锅内温度达不到100 ℃,则在规定时间内达不到灭菌的目的。二要防止烧干锅,在灭菌之前锅内要加足水,在灭菌过程中,如果锅内水量不足,要及时从注水口注水。三要防止存在灭菌死角,如锅底着火部位不均,料袋摆得过密等都可能出现灭菌死角。

4. 出锅冷却

灭菌后的栽培种培养基及时运送至无菌环境中冷却,待料温降至约30 ℃,进行抢温接种。

5. 接种

栽培种接种也要按照无菌操作的要求，在接种室进行。

将冷却后的栽培种培养基、培养好的原种、酒精灯、火柴及接种工具等用品放入接种室内。接种前必须对接种室进行消毒，以保证在无菌条件下，进行严格的无菌操作。

接种前将选好的二级种瓶，用75%的酒精棉球擦拭外壁，并对瓶盖或瓶塞进行消毒处理，以防开盖时杂菌落入瓶内。然后在酒精灯火焰上方拔出原种瓶棉塞或揭开封口膜，用火焰封锁瓶口，同时将接种匙用酒精灯火焰灭菌数次，用接种匙刮去瓶内菌种表面的老菌皮，再将菌种挖松并稍加搅拌，注意菌种应挖成花生米大小，不宜过碎，然后接种。栽培种的接种方法，与原种相似。一般罐头瓶栽培种制作采取3个人配合。如果栽培种制作采用塑料袋做容器，则接种时采取4人配合的形式，1人负责挖取菌种，1人负责把持袋口，另外2人负责打开袋口和封口。1瓶原种一般可接30～60瓶(袋)栽培种。如原种充足，可适当加大接种量，这样菌丝蔓延快，培养时间可相应缩短。

6. 培养

培养室应清扫干净并严格消毒。培养初期温度保持在25 ℃左右，随后每隔10天降1 ℃，至长满袋(瓶)。为了充分利用空间，菌种瓶或菌种袋宜放在培养架上。菌种瓶应先竖放，当菌丝萌发定植后，改为横卧叠放。因为竖放菌种瓶，瓶塞易沉积灰尘和杂菌，瓶内的培养料中的水也易下沉，导致上部干燥下部积水，菌丝难以吃透料。横放的菌种瓶可经常转动，使瓶内水分分布均匀。而对于菌种袋，摆放层数和摆放方式可根据室温而定，低温季节室温较低摆放层次可多。每隔一周需将菌种袋上下内外调换一次，以保持菌袋间温度均匀一致，发菌一致。高温季节菌种袋需“井”字形摆放或单层摆放，以利于菌袋间通风降温，免受高温危害。

培养室内空气相对湿度60%～70%、避光、定时通风，经常保持培养室洁净，防止杂菌发生。栽培种比原种菌丝长满瓶所需时间短，当菌种瓶(袋)中菌丝体长至培养基的1/3时，培养室的温度可降低2～3 ℃，以免随菌丝生长代谢加强，料温上升而引起高温障碍。

栽培种在培养期间，要经常检查，及时淘汰劣质菌种和污染的个体。一般栽培种在接种后菌丝长至料深1厘米左右进行第一次检查，长至1/3～1/2时进行第二次检查，长满之前进行第三次检查。检查主要内容是：菌丝萌发是否正常、有无污染、活力和生长势。发现萌发缓慢或菌丝细弱者，及时拣出，要逐个检查，不可遗漏。发现污染的瓶应立即淘汰，并隔离污染源。

(四)枝条菌种生产

1. 生产准备

(1)设备设施　高压灭菌锅、接种箱或超净工作台、恒温培养箱或培养室。锅、漏勺(孔隙适中)、大盆、拌料工具、接种铲、酒精灯等。

(2)材料准备

①枝条准备　杨木、桑木、柞木、椴木、柳木等能够栽培食用菌的木材都可以制作枝条菌种。通常选取质地疏松的阔叶树枝条,切割成长12～15厘米,一头尖一头平的枝条,晒干或烘干备用。也可以用雪糕棒、果树枝条、方便筷子。经过硫黄熏蒸或是双氧水(过氧化氢)漂白过的筷子、雪糕棒不能使用,果树枝条农药残留超标不能使用。

枝条长度一般12～15厘米,宽0.5～0.7厘米,厚0.5～0.7厘米,枝条的规格要根据栽培袋的大小进行选择。

②辅料准备　木屑50%,麦麸48%,石膏1%,石灰1%,含水量60%～65%。用来填充枝条之间的空隙;糖、磷酸二氢钾、硫酸镁,用来配置浸泡枝条的营养液。

③菌种准备　提前准备好适龄二级种,二级种的纯度和活性直接影响到枝条菌种的质量。

④菌袋准备　一般使用17厘米×30厘米,或者15厘米×28厘米,厚度0.048～0.052毫米的聚丙烯折角袋。

2. 培养基制作

(1)浸泡枝条　将整包枝条浸泡在石灰水池中,时间不少于24小时。将白糖1%、磷酸二氢钾2%、硫酸镁0.1%,加水,按照比例配制适量营养液。用石灰水将浸泡过的枝条整捆放入营养液中,浸泡15小时左右捞出备用。注意浸泡时间要根据枝条的规格、气温进行调整,要求枝条泡透。

检查方法是将枝条敲碎,观察是否有白芯,如果有说明没有泡透。

按比例配制辅料,均匀倒入搅拌仓内,搅拌均匀,检查pH为8～9,含水量60%～65%。

(2)装袋　将浸泡好的枝条和配置好的辅料混合,每根枝条表面都沾上辅料,袋底部先装入少量的辅料,以栽培料覆盖袋底为准,取适量捋齐的枝条,整齐竖放入塑料袋中,撒上栽培料,振动,尽量使栽培料的木屑能够充满枝条间,面上再覆盖一层栽培料,以覆盖枝条为准,也称之“过桥”。随后套紧塑料项圈,袋子中央插入打孔棒,以便于接入母种,但不必装得过紧。最后塞上塑料塞,同栽培包一起灭菌。

装袋要求松紧适度,不能装得过于松散,每根枝条之间缝隙都要夹料,装好袋以后还要保证菌种袋与袋内枝条贴严，尽量不出现"袋料分离"的现象，否则菌种长好后，在袋内枝条菌种与菌种袋之间的气生菌比很容易老化、死亡，细胞破裂，而出现白水、黄水、红水现象，影响菌种的品质。但也不能装得太紧，否则容易撑破菌种袋，枝条与枝条之间没有空隙，贴得太紧密，菌丝不易萌发，不能伸入到枝条木质内部，接种使用时不易成活。

3. 灭菌冷却

高压灭菌在 0.15 兆帕压下，灭菌 2 小时左右。常压灭菌 100 ℃，持续 12 小时左右，灭菌时做到"攻头、促尾、保中间"。在冷却室，或者相对干净的房间冷却，当温度降至 20 ℃，准备接种。

4. 接种

料温降到 20 ℃左右时，按常规接种。每袋木屑菌种接 20～30 个枝条料袋。

5. 培养

由于枝条培养基的通透性好，在 23～25 ℃下培养，菌丝生长迅速，要注意通风换气，发菌中后期堆温和室温不超过 23 ℃，25 天左右即可长满袋，再将室温降 3～5 ℃，促进枝条内部菌丝生长，后熟时间因品种而异，一般 7～20 天。

枝条浸泡时间不足，未充分浸透会影响菌种生长，菌种量少。如果后熟时间不足，会导致仅枝条表面长有菌丝，内部菌丝较少，甚至没有。接种量不足，使枝条菌种与栽培料间形成间隙，不利于发菌。

五、液体菌种生产

液体菌种是用液体培养基，在生物发酵罐中，通过深层培养（液体发酵）技术生产的液体形态的食用菌菌种。"液体"指的是培养基物理状态，"液体深层培养"就是发酵工程技术。"液体制种"实质是利用生物发酵工程生产液体菌种，取代传统、朴素的固体制种；利用生物发酵原理，给菌丝生长提供一个最佳的营养、酸碱度、温度、供氧量，使菌丝快速生长，迅速扩繁，在短期内获得大量的菌丝体（球）和代谢产物，不仅可用作母种或原种，也可直接作为栽培种使用。

（一）液体菌种生产的优点

1. 制种快

在液体菌种培养罐内菌体细胞处于最适温度、酸碱度、氧气、碳氮比等条件下，以动态方式培养，菌丝分裂迅速，在短期内能获得大量菌丝体（球）。固体菌种培养菌丝体是以自然数的速度自上而下匀速生长；而液体菌种培养菌体细胞是以几何数字的倍数加速增殖。一般 4 天完成一个培养周期，而原种和栽培种的培养时间都需要 22 天以上。

2. 活力强

液体菌种不仅营养、温度、氧气、酸碱度等环境通过控制,最大限度地满足了菌体的生长需求,而且呼吸作用产生的代谢废气能及时排出,新陈代谢旺盛,所有菌球菌龄基本一致,因此菌丝活力强。而固体菌种菌体细胞代谢物积留混杂于培养基营养物中间,自然影响菌体质量。况且固体菌种往往是瓶(袋)上下菌龄不一致,下面刚长好,上面可能已老化,并失去活力。

3. 纯度高

液体菌种所用母种一般需经筛选纯化制备而成,种源纯度高。而固体菌种所用斜面母种经一些商家无限转代后纯度降低。液体菌种培养是在密闭罐体内运行,供氧系统空气经过滤,其纯度达到 99.99%,从而保证所培养的液体菌种是纯种。

4. 污染率低

液体菌种具有流动性,接种后易分散,萌发点多,菌球接入后萌发快,在适宜条件下,接种后 24 小时左右菌丝布满接种面,使栽培污染得到有效控制。而固体菌种接种时,菌体经过剥离、撕裂和药物熏杀,从萌发吃料到封闭接种面,一般需 5～7 天,所以杂菌污染概率高。

5. 接种发菌速度快

液体菌种使栽培发菌速度快 1 倍,出菇集中,周期缩短,栽培的用工、能耗、场地等成本都大大下降。

6. 成本低

发菌时间缩短,减少了发菌期间的电费、人工成本,也省去了制作原种和三级种的原材料成本。

(二)液体菌种的生产方式

1. 摇瓶培养法

摇瓶培养法是将食用菌的母种接入已灭菌的三角瓶或输液瓶培养液中,然后置于摇床上振荡培养。摇瓶培养投资少,设备技术简单,适合一般菌种厂生产使用。

所用的设备是摇床,或液体菌种振荡培养器。常用的摇床有往复式和旋转式两种。往复式摇瓶机的振荡频率是 80～120 次/分钟,振幅(往复距)为 8～12 厘米。旋转式的振荡频率为 180～220 次/分钟。

振荡培养普遍使用旋转式摇床,虽然结构比较复杂,造价也较贵,但氧的传递好,功率消耗低,培养基一般不会溅到瓶口纱布上。

摇床液体菌种生产的工艺流程:

培养基配制→分装→灭菌→冷却→接种→静置培养→摇床培养→使用

(1)确定培养基配方 食用菌常用的液体菌种培养基配方如表 2-6 所示。根据各液体培养基的特点,选定配方 6 作为金针菇液体培养基。

表 2-6 常用的液体菌种培养基配方

	配方中各物质的量	适用范围
配方 1	土豆 20%,麸皮 4%,葡萄糖 2%,蛋白胨 0.3%,磷酸二氢钾 0.2%,硫酸镁 0.1%	适宜多种食用菌的液体培养
配方 2	可溶性淀粉 3%,蔗糖 1%,酵母膏 0.1%,磷酸二氢钾 0.1%,硫酸镁 0.05%,pH 自然	适宜多种食用菌的液体培养,特别是平菇。可溶性淀粉增加了菌丝球的分散性,有利于发菌
配方 3	马铃薯 200 g/L,蔗糖 20 g/L,磷酸二氢钾 3 g/L,硫酸镁 1.5 g/L,维生素 B_1 0.01 g/L,pH 自然	适宜多种食用菌的液体培养
配方 4	马铃薯 20%,葡萄糖 1%,麦芽糖 1%,硫酸镁 0.15 %,磷酸氢二钾 0.1 %,pH 6.8	适宜多种食用菌的液体培养
配方 5	玉米粉 20%,豆饼粉 1.5%,磷酸二氢钾 0.15%,硫酸镁 0.1%,pH 6	适宜多种食用菌的液体培养
配方 6	可溶性淀粉 3%,黄豆粉 4%,氯化钾 0.15%,维生素 B_2 7.5 毫克/800 毫升,pH 自然	适宜多种食用菌的液体培养,特别是金针菇

(2)培养基的制备 液体培养基的制作流程:

计算→称量→熬制→定容→分装→包扎→灭菌

按照选定的培养基配方,计算各种成分的用量。按配方称取各种物质。将称好的黄豆粉加入总量 2/3 的水中,煮沸约 30 分钟,用 4 层纱布过滤 3 遍。将可溶性淀粉加入少量冷水中调成糊状,加入煮沸的黄豆粉滤液中,搅拌均匀。继续小火加热,准确称量其余药品,加到滤液中搅匀,使其完全溶解,补足水量。注意搅拌防止溢出或焦底。分装三角瓶时避免培养液黏住瓶壁口,三角瓶装料系数 60%。并在每瓶培养基内加入 10~13 粒小玻璃珠或直径在 0.8 厘米内的玻璃碎片。棉塞塞入瓶口 3~4 厘米,用牛皮纸包扎或以 8 厘米×8 厘米的 8 层纱布封口。在 0.12~0.15 兆帕压力下,灭菌 50 分钟,取出冷却,放入无菌室中备用。

(3)接种 将试管母种(用报纸包好,避免紫外线照射)、液体培养基、瓶架、接种工具、酒精灯、打火机等用品放入接种箱内或超净工作台上。接种前必须对接种室、接种箱或超净工作台进行消毒,以保证接种操作是在严格无菌的条件下进行的。

待温度冷却至28 ℃以下,无菌条件下接种。方法是选取试管母种,松动三角瓶的棉塞,用接种钩挑取5毫米×5毫米×0.2毫米的菌种5～6块,迅速放入三角瓶中。每支母种可接2～3瓶,棉塞过火两圈后再塞上,取双层报纸包扎好瓶口,在三角瓶上贴好标签,注明菌种名称,培养基配方,接种日期。

(4)培养　接好种后,将三角瓶放到25～26 ℃的环境中避光培养48～72小时(因品种不同而培养时间不同)。待接种块在培养液面上长到1厘米(单个菌种块)时,置摇床上培养。

往复式摇床振荡频率为80～100次/分钟,振幅6～10厘米,如果用旋转式摇床,菌种不同回旋速度也不同,一般控制在160～200次/分钟。回旋式摇床摇出来的菌球均匀,便于检查杂菌。在实际生产中本着先慢后快的原则进行培养。根据不同菌种的生长速度调回旋速度。摇床室温控制在24～25 ℃,培养时间因菌类不同而异,一般是7天左右。以放置20分钟后菌丝沉淀量达80%以上才可接种发酵罐。

优质的液体菌种菌球直径约为1毫米,菌球大小均匀,静止一段时间后仍均匀悬浮于培养液中不沉淀,黏稠,并伴有各种菇类特有的香味。菌种不同,培养液出现不同的色泽,菌球的形态不同,气味也不同。金针菇的培养液呈浅黄色、清澈透明、液体中悬浮着大量小菌丝球,并伴有芳香气味;香菇的培养液呈褐色,清澈透明,并伴有清香气味;木耳的培养液呈青褐色,黏稠有甜香味。即可判断培养结束。

如果培养液混浊,大多是细菌污染所致。

将培养好的液体菌种进行综合检测后,供给发酵罐进行接种,待发酵罐接种后同时对三角瓶液体菌种进行取样空培养、镜检。

2. 发酵罐深层培养

用液体深层发酵法生产菌种就是将纯正优良的菌种,接入发酵罐液体培养基,使菌丝繁殖形成大量小菌球的方法。

深层培养具有生产周期短、产量高、效益高等优点,是食用菌大量生产的重要途径。发酵罐按照灭菌方式不同分为移动到高压灭菌锅内灭菌的移动发酵罐、带控制柜发酵罐和锅炉供气发酵罐等。带电子控制柜的液体菌种发酵罐采用罐内电加热灭菌,也可用外蒸汽灭菌,过滤器采用发酵罐内蒸汽在位灭菌,不需拆装。采用PID温度控制方式自动控温,可根据不同菌种任意设定灭菌、发酵温度及灭菌时间。

大型食用菌工厂普遍采用移动发酵罐生产液体菌种。由于移动发酵罐在高压灭菌锅内灭菌，灭菌更容易彻底，不容易出现灭菌“死角”；接种后推入发酵罐培养室，在培养室几乎没有任何操作，其环境和温度非常稳定。

六、菌种质量鉴定与保藏

(一)食用菌菌种的质量鉴定

一级种(母种)　在同一种培养基上具有原菌株的菌落形态特征，无病虫杂菌，菌丝洁白，生长健壮有力，边缘整齐，不发黄，不老化，菌龄掌握在刚长满斜面即用于扩接原种或继代培养。

二级种(原种)　无感染病虫杂菌，菌丝洁白，粗壮浓密，均匀布满瓶周，外观颜色一致，无不均匀斑，培养基由棕黑色转为淡棕黄色，有蘑菇特有香味，菌丝不萎缩，不发黄，接种后应在 40～50 天长满瓶，菌龄掌握在菌丝长满瓶 10 天左右使用。

三级种(栽培种)　无感染病虫杂菌，菌丝洁白玉米黄，粗壮有力，均匀布满瓶周，外观颜色大体一致，无明显不均匀斑，培养基呈淡棕黄色，有蘑菇特有香味，培养基不萎缩，不吐黄水，接种后菌丝应在 30～45 天长满瓶，菌龄掌握在菌丝长满瓶后 15 天内使用。

1. 食用菌种质量鉴定

(1)直接观察　首先用肉眼观察包装是否合乎要求，棉塞有无松动，试管、玻璃瓶或塑料袋有无破损，棉塞和试管、瓶或袋中有无病虫侵染，菌丝色泽是否洁白均匀，有无发生老化。其次在瓶塞边做深吸气，闻是否具有蘑菇菌种特有的香味，原种和栽培种可取出小块菌丝体观察其颜色和均匀度，并用手指捏料块检查含水量是否符合标准。

(2)显微镜检查　在载玻片上滴一滴蒸馏水，然后挑取少许菌丝置于水滴上，让菌丝体充分展开，盖好盖玻片，再置显微镜下观察。也可通过菌丝体染色后镜检观察。蘑菇菌丝体应粗壮，菌丝节较长，呈分枝状，说明是正常菌种，如果菌丝节很短，分枝很浓密，菌丝较纤细，生长缓慢，一般为不正常菌种。

(3)菌丝生长速率测定　将所获的菌种，转接至 PDA 培养皿中央，待菌丝长满培养皿时，用直径 0.5 厘米的打孔器，经灭菌后打取边缘菌丝，边同培养基重新接入 PDA 培养皿中央进行培养，每隔 24 小时，测定菌落直径，直至菌落覆盖全为止，从而测出菌丝平均生长速度。

(4)耐高温测定　先将母种试管数支置于 25 ℃下培养，10 天后取出部分试管置 30 ℃下培养，24 小时后再放回 25 ℃下培养，经过高温处理，如果菌丝仍然健壮，旺盛生长，则表明该菌种具有耐较高温度的优良特性，也可将母种试管移接至草基试管培养基中，置 25 ℃下培养 5 天正常生长后，把试管置 28 ℃下进行培养，如果菌丝能较正常生长也表明该品种具有耐较高温度的优良特性。

(5)吃料能力鉴定　将试管母种接入新鲜配制的粪草培养基中(草腐菌双孢菇为例),置25 ℃下进行培养,5天后观察菌丝生长情况,如果菌种块能很快萌发,并迅速向培养料中生长伸展,则说明该品种的吃料能力强;如果菌种萌发后生长缓慢,迟迟不向四周和料层深处伸展,则表明该品种对培养料的适应能力差,是劣质菌种。

(6)生理特征测定　蘑菇菌种的生理特征测定包括酶活力测定和遗传分析两方面。酶活力测定主要是进行纤维素酶活力的测定,遗传分析主要是进行酯酶同工酶的检测,以及RAPD检测等,分析该品种的遗传物质是否保持原有品种的特征带,如果遗传分析发现主要标记酶带或扩增带发现变异说明该品种有可能出错或已发生变异,是劣质菌种。

2. 食用菌菌种的退化原因

(1)菌种的退化　菌种在传代过程中,因遗传物质发生变异而引起的使原有的优良性状渐渐消失或变坏,出现长势差、出菇迟、产量不高、质量不好、子实体丛生等现象。这些现象人们泛称为“退化”。“退化”是一个群体概念,即栽培中子实体群体中有少数子实体与亲本不同,不能算退化,只有相当一部分甚至大部分个体的性状都明显变劣,群体生长性能显著下降时,才能视为菌种退化。菌种退化往往是一个渐变的过程,菌种退化只有在发生有害变异的个体在群体中显著增多以至于占据优势时才会显露出来。因此尽管个体的变异可能是一个瞬时的过程,但菌种呈现“退化”却需要较长的时间。

(2)菌种发生退化的原因

①菌种混杂　在菌种继代培养过程中,不同品种间交叉感染,导致不同品种的菌丝体混杂在一起,菌丝生长发生变异,导致原有品种生产性状的改变,常常表现出产量下降、质量变劣等。

②有害突变的发生　一般来说,一个正常菌株经过多代移植,不会导致遗传性状的改变,但是如果一个菌株的菌丝细胞中发生有害突变,而且突变体能适应外界环境条件。那么,随着移接次数的增加,有害突变体在菌丝细胞群中所占的比例会逐渐增大。这样,该菌株的生产性能就会随之恶化,退化现象逐渐显现出来。

③杂交菌株的双亲核比例失调　杂交菌株的菌丝体在转管过程中,受到外界环境、营养条件等改变的影响,其中一个亲本的核发育正常逐渐占据优势而另一亲本的核可能不适应而逐渐减弱,这样导致双核比例的失调,随着扩管代数的增加,核比例失调逐渐扩大,最终导致在栽培中表现出退化现象。

④病毒的感染　菌种感染病毒后,病毒不仅会随着菌丝体的扩大繁殖而增加,

而且会通过带毒孢子传染下一代。当菌种携带一定浓度的病毒粒子，在栽培中都会表现出明显减产、菇质量下降等退化现象。

（3）防止菌种退化的措施

①防止菌种的混杂　在菌种转管，进行出菇试验等工作中，均应加强品种隔离，减少品种间的混杂，以保证优良品种的遗传组成在较长时间内能保持足够的稳定。

②控制菌种传代次数　菌种传代次数越多，产生变异的概率就越高，因此菌种发生退化的概率就会越多，生产中应严格控制菌种的移接代数。

③采用有效的菌种保藏方法保存菌种　菌种保存应是短期、中期和长期三者相结合，根据不同的要求从不同保藏方法中进行扩繁和移接，确保菌种能长期保持该品种的原有优良性状。

④创造菌种　良好生长营养条件和外界环境：菌种培养基的营养条件应适宜，才能使菌种生长健壮，减少退化的发生。营养不足和过于丰富对菌种生长均不利。菌种的生长繁殖受到物理、化学、生物等外界条件的影响，如条件适宜，菌种生长正常，不易退化，不相适宜，则会引起菌种的退化。比如芳香族化合物，能诱发绒毛状菌丝体成肩形菌落的形成，这种菌丝体在料床上易形成致密的白斑，导致产量下降。

⑤对菌种可能遭受病毒感染应保持足够的警惕　对有疑问的菌种要及时检验。确证已感染病毒，菌丝体及子实体性状已受到严重影响的菌种，应及时淘汰。

（二）菌种复壮与保藏

1. 菌种的复壮

①菌丝尖端分离进行提纯复壮　在显微镜下应用显微操作器把菌丝尖端切下转移至新瓶的 PDA 培养基上培养，这样可以保证该菌种的纯度，并且可以起到脱病毒的作用，使菌种保持原有品种的遗传物质，恢复原来的生活力和优良种性，达到复壮的目的。

②适当更换培养基　长期在同一培养基上继代培养的菌种，生活力可能逐渐下降。将碳源氮源、碳氮比、维生素、矿物质营养作适当调整，对因营养基质不适而衰退的菌种，有一定的复壮作用。

③菌种分离　要有计划地把无性繁殖和有性繁殖的方法交替使用，反复进行无性繁殖菌种会不断衰退，而经有性繁殖所产生的孢子，是食用菌生活史的起点，具有丰富的遗传特性，因此必须定期进行蘑菇菌株的单孢分离筛选，从中优选出具有该品种原来优良性状的新菌株，逐渐替代旧菌株，这样就可不断地使该品种得到恢复，长期使用。

2. 菌种保藏

菌种保藏与复壮是生产中不可缺少的重要环节。选育出的菌种必须进行适当的保藏及复壮，才能减少变异与衰退，确保菌种的优良性能。

菌种保藏的原理是通过低温、干燥、隔绝空气和断绝营养等手段，以达到最大限度地降低菌种的代谢强度，抑制菌丝的生长和繁殖。由于菌种的代谢相对静止，生命活动处于休眠状态，从而可以保藏较长时间。菌种保藏就是为了使优良菌种不衰退、不死亡，不被杂菌污染，能长期在生产上应用。因此，这是一项极为重要的工作。一种好的菌种保藏方法，首先应能保持菌种原有的优良性能，其次还要简便易行。常用的菌种保藏方法有 5 种。

(1)低温斜面保藏法　低温斜面保藏法是菌种的一种短期保存法，因为它简单易行，不需特殊设备，并能随时观察保藏菌种的情况，因此也是常用的菌种保藏方法。保种一般使用 PDA 斜面培养基。菌种移接后，放在 22～24 ℃温度中培养，要勤检查，当菌丝健壮地长满试管时，及时挑选无污染的母种，用硫酸纸将试管口棉塞包扎后放置在 4 ℃的冰箱中保藏。一般 3～5 个月转管一次。这个方法适用于所有的食用菌菌种，但草菇菌种的保藏温度需要提高到 10～15 ℃，毛木耳多数品种适宜温度在 10 ℃左右，中华灵芝在 10～12 ℃。

(2)液体石蜡保藏法　本法是把液体石蜡灌注在菌种(菌丝体菌种)斜面上来保藏菌种。使菌种与空气隔绝，抑制细胞代谢，同时防止培养基中水分的蒸发，可延长保藏时间。

取化学纯液体石蜡装于三角瓶中加棉塞并包纸，在 0.1 兆帕压力下灭菌 1 小时，再放入 40 ℃恒温箱中，以蒸发其中水分，至石蜡油完全透明为止。将处理好的石蜡油移接在空白斜面上，28～30 ℃下培养 2～3 天，证明无杂菌生长方可使用。然后用无菌操作的方法把液体石蜡注入待保藏的斜面试管中。注入量以高出培养基斜面 1～1.5 厘米，塞上橡皮塞，用固体石蜡封口，直立于低温干燥处保藏。可有效保藏 5～7 年，每 1～2 年应移植一次。

使用时只要用接种针从斜面上挑取少量菌丝，移植在新鲜的斜面培养基上，由于菌丝粘有石蜡，必须再转接一次试管才能很好生长。

(3)滤纸保藏法　滤纸保藏法是一种以无毒滤纸作为食用菌孢子吸附载体长期保藏菌种的方法。该法保藏时间长、菌种不易衰老退化、操作简单、易贮运。方法是将食用菌孢子吸附在滤纸上，干燥后再行低温保藏。操作简便，效果也较理想。取白色(收集深色孢子)或黑色(收集白色孢子)滤纸，剪成 4 厘米×0.8 厘米的小纸条，平铺在培养皿中用纸包裹在 0.1 兆帕压力下灭菌 30 分钟。采用钩悬法收集孢子，让孢子落在滤纸条上。将载有孢子的滤纸条放入保藏试管中，再将保藏试管放入干燥器中 1～2 天，除去滤纸水分，使滤纸水分含量达 2%左右，然后低温保藏。

使用时以无菌操作摄取滤纸条，将有孢子的一面贴在培养基上，于适温下培养1周左右，即可观察到孢子萌发和菌丝生长状况。这种方法有效保藏期2～4年，长的可达30年以上。

(4)麸皮保藏法　取新鲜麸皮，过60目筛除去粗粒。将麸皮和水按1∶1拌匀，装入小试管，每管约装1/3高度，加棉塞用纸包扎，0.15兆帕压力下高压灭菌30分钟，经无菌检查合格后备用，将生长在斜面培养基上的健壮菌种，移种至无菌麸皮管中，移种时注意尽量捣匀小试管中的麸皮，呈疏松状态。在适温下培养至菌丝长满麸皮为止，将麸皮小管置干燥器中，在低温或适温下保藏。可保藏3～5年。

(5)木屑保藏法　此法适合于木腐菌。配方为阔叶树木屑78%，米糠20%，石膏1%，蔗糖1%，水120%，将配料装入18毫米×180毫米试管中，0.15兆帕下灭菌1.5小时。冷却后，接入要保藏的菌种，在25 ℃下培养，待菌丝长满木屑培养基时取出，在无菌室内换上灭菌橡皮塞，放到3 ℃的冰箱内保藏，1～2年转管一次。

此外还有麦粒保藏法、沙土管保藏法、生理盐水保藏法、真空干燥保藏法和液氮保藏法等。

3. 菌种保藏中应注意的问题

(1)要选配好合适的培养基，一般要求培养基含有较丰富的有机氮，最好能添加0.2%的磷酸二氢钾以中和菌种在保藏过程中积累的有机酸。

(2)保藏的菌种要在适温下培养至菌丝在整个斜面上基本长满，保藏的菌种培养时间不可太长，以免降低菌种生活力和保藏时间。

(3)菌种的试管口用玻璃纸、塑料薄膜或防潮纸包扎，或用石蜡封闭，以防止培养基内水分过快蒸发。

(4)存放在冰箱内的菌种不可过分拥挤。温度要控制在4 ℃左右。

(5)保藏菌种在使用前要置于适宜温度下，使其活化，再行转管扩大培养。转管移植培养基应采用原来的培养基。

第七节　农业物联网

一、物联网技术

物联网主要是通过可移动式信息收发器建立人与人、人与物、物与物之间的交互，随着互联网技术的不断发展与创新，物联网技术开始进入农业生产领域。近年来,国家与不少地方政府都鼓励人们加强农业领域物联网技术的应用,2018 年我国推行了乡村振兴战略规划,表明要大力发展数字农业,实施物联网技术的应用。2020 年我国的 5G 技术开始在部分大中城市推广,修建基站,更好、更快地实现信息传输。物联网技术在农业种植中的应用主要是将不同的传感器设备安装于农作物的生长环境中,并通过数据处理与演算,对农作物的生长过程进行监控与数据分析,以保证农作物的顺利生长,且农户可以通过物联网对自己农作物的生长进行监控,以此来减少人力资源的损耗。应用物联网技术,可以提升农产品质量、降低劳动力成本、实现精细化栽培管理,该模式符合我国现代农业发展的要求。除此之外,该栽培模式不仅可以用于大棚农作物的栽培,还可根据不同的蔬菜、瓜果的生存环境进行数据储存与处理。

物联网技术通过感知技术获取信息,通过各种网络进行传输,目的是实现智能决策和智能控制。其中感知技术包括传感器、北斗、条形码等,主要负责信息的采集网络技术包括互联网、无线传感网等,负责客观实体接入网络以及信息的传输和交互智能决策技术包括云计算技术、大数据技术等,负责海量数据的感知、存储、计算、分析,完成智能决策的各项功能。物联网的体系一般也按这三层进行架构(表 2-7)。

表 2-7　物联网体系架构

感知层	信息采集	RFID、二维码、传感器、多媒体信息
	信息传输	自组网技术、远近数据传输技术、信息采集中间件技术、协同信息处理技术
网络层	互联网、通信网	互联网、移动通信网、无线自组网、远程控制网络、信息存储管理、异构网融合
应用层	物联网支撑平台	信息平台、云计算平台、服务支撑平台、中间件
	物联网应用	智慧交通、智能工业、智能农业、智能家居、智慧社区

二、物联网技术特征

1. 互联性

互联性是物联网信息交流的关键内容,互连性主要是在互联网信息构架上进行信息递交的一个过程。在物联网技术应用阶段,通过有线与无线技术的应用,可以将物联设备与传感器设备的信息交融,处理不同层面获取的信息,互联性是主要特征。

2. 感知性

感知性主要是在各种传感器配合下实现的。在物联网构架中，传感器组成一个系统，例如红外线感应器、温度传感器以及定位系统等，这种传感器组成系统与人体感官器官类似，在应用时通过信息将数据传输到网络，为物联网技术的应用提供有效的支持。

3. 智能性

相对于物联网技术智能性而言，其不仅限于信息接收与处理范围，也体现在不同设备发出指令以及执行指令层面。通过传感器接入可用网络，该技术能对各种海量数据进行全面分析，通过智能数据分类整理将不同数据分配给不同需求的应用客户，达到智能应用效果。

三、农业物联网现状

我国作为人口大国，农产品的需求量大，需要我国不断进行技术改造与升级。在互联网时代背景下，对农业的发展也需要充分结合时代的发展与互联网相结合，物联网技术的出现对农业的发展具有积极的促进作用。当今面对快速发展的社会，互联网与各大领域都在进行越来越深入的融合与贯通。面对农业的需求压力以及解放生产力，不断进行产业升级与技术升级，提高竞争力的社会需求，对农业的发展也在不断实现与互联网相结合的目标。将农业发展与互联网相结合，在农业生产中融入高科技的监测与手段应用，实现更精细化的发展对策提高生产效率。当前，智慧农业的发展已经步入了稳定发展的阶段。在智慧农业的发展背景下，我国的农业发展实现了从生产到销售的全过程可以及时收集信息，提高了农业生产过程中的效率。

(一)智慧大棚

随着社会的发展，农产品在一年四季都有需求，露地种植模式在数量与质量上并不能够满足人们需求，而智慧大棚充分利用物联网技术，在农作物的生长过程中，不需要采用人工干预与监测大棚内的土壤 pH、二氧化碳、水分、湿度、温度等。该作业工序由物联网技术代替，对大棚内的温度、二氧化碳等信息进行采集、分析与处理；在病虫防治上，智慧大棚可以安装臭氧发生器，定期排放臭氧，较少的臭氧不仅能起到杀菌作用，为农作物的生长提供帮助，且节约了人力资源。在大棚的构建上，可以在大棚外安装传感器，实现大棚在不同天气、不同时间段的自动开关。在智慧大棚内安装传感器、环境监测节点，通过物联网技术的数据采集、分析与处理，控制大棚农作物的生长，确保农产品的产量与质量。近年来，我国经济快速增长，人们对农产品是否安全等问题越来越重视，利用物联网技术中 RFID 技术来对农产品的生产进行溯源,保证食品生产安全,提高商品的可信度。

(二)基于物联网技术的智慧大棚栽培模式设计

为了构建智慧大棚,设计物联网技术的应用方案,物联网技术应用于智慧大棚的以下环节。

1. 数据采集、分析、处理

作为物联网技术的基础技术,大棚中每个传感器设备收集农作物生长数据并储存至云端平台。该数据采集系统会通过网络将采集到的数据上传到上一层控制系统,进行数据分析与处理,最后再反馈和控制终端设备,以此来对大棚作物的生长环境和过程进行调控。

2. 设备远程控制

在通过数据采集、分析与处理后,会将这些数据整理后反馈给远程控制终端,远程控制终端不仅是手机与电脑,还包含本地控制。本地控制会根据以往的信息作出相应的决策和判断,在人们繁忙时自动控制大棚内的部分功能,可以对控制中心作出决策,之后控制中心将会给各个节点发出信号,并通过物联网及无线传感器发布到各个控制节点。

3. RFID 无线射频技术

RFID 对于智慧大棚有较高的保护作用,对进入大棚内的人员进行确认,防止大棚被破坏。另外,RFID 技术还有存储功能,对数据进行长时间的存储且使用寿命长,可以重复利用。

4. 云平台

对通过无线传感器采集到的大棚内温度、二氧化碳浓度、湿度、光照强度与 pH 等数据进行实时监控、分析与处理,通过 5G 网络更快、更高效地进行输出处理,同时进行保存。除此之外,云平台在数据处理时对超过或者未达到相应要求的发出警报。基于物联网技术设计一个智慧大棚,大棚通过对温度、湿度、二氧化碳浓度等的测定,来控制大棚生产。与传统方法相比,基于物联网的智能农业效率非常高。利用 RFID 无线数据通信远程设备控制与互联网等技术收集农业生产信息,以帮助农民及时发现问题,并准确地确定出现问题的位置。可以降低人工成本,节约人工灌溉时间,大棚打开及关闭互联网运用技术,实现随时随地控制大棚农作物的生长。现在社会追求的是效益与速度,“互联网+”的趋势势不可挡,所以,大棚种植技术与智慧农业更需要不断地磨合创新。

进入 21 世纪以来,我国信息技术得到长足发展。以信息技术为支持,互联网技术也逐渐开始普及。特别是在《中国制造 2025》计划背景下,互联网技术的发展和应用,将为产业发展注入强大活力。物联网管理平台在农业领域的应用,有了一定的探索和研究。农业是人类社会赖以生存和发展的重要基础，同时也是受自然环境因素影响最大的产业。我国农业生产一直受到较为严重的自然灾害影响，同时我国农业科技水平相对比较落后。因此，要促进新时期农业产业的跨越式发展，必须强化农业科技的研发和投入力度，促进农业生产的信息化和智能化。农业产业从传统生产形式向现代农业发展的过程中，物联网技术的应用具有重要意义。

第三章　设施蔬菜栽培

第一节　设施黄瓜越冬栽培技术

黄瓜学名：*Cucumis sativus*. L，又称葫芦、胡瓜。古称胡瓜、莿瓜。黄瓜原产于喜马拉雅山南麓的印度北部地区。印度在 3 000 年前开始栽培黄瓜，之后随着南亚民族间的迁移和往来，传入中国南部、东南亚各国，继而传入南欧、北非，并进而传至中欧、北欧、俄罗斯及美国等地。黄瓜是中国古代栽培的主要瓜类蔬菜之一。文字记载最早见于南北朝北魏贾思勰《齐民要术》（6 世纪 30 年代或稍后），当时名胡瓜。黄瓜是唐陈科甜瓜属中幼果具刺的栽培种，一年生攀缘性草本植物。经过长期的自然选择和人工选择，形成了一些中国黄瓜生态型和大量优良品种。这些中国黄瓜在国际黄瓜品种资源中占有重要地位。现中国南北各地普遍栽培，通过各种栽培设施和方法，基本上可以进行周年生产。黄瓜以嫩瓜供食用，具清热、利尿、解毒之功效，可凉拌、熟食、作泡菜、盐渍、糖渍、酱渍、制干和制罐。

一、播种育苗

（一）选择适宜品种

1. 接穗选择

日光温室冬春茬黄瓜栽培，由于生育期需要经历冬季 12 月至次年 2 月较长时期的低温弱光环境，所以黄瓜品种的选择必须具备耐低温弱光能力较强，生长势强，节成性好，瓜条大小适中，产量高，抗病性强等优点。适宜的品种有津优 31、津优 32、博耐 35B、中农 26、改良军科 18、绿岛 5 号、绿岛 7 号、惠研 226、惠研 678 等。

2. 砧木选择

砧木品种选择嫁接亲和力，抗病及耐低温等能力强，可保持南瓜品种原有风味的砧木品种。主要品种有云南黑籽南瓜南砧一号、火凤凰、常青藤等白籽南瓜。白籽南瓜的优点主要是抗根腐病、蔓枯病，瓜条鲜绿、有光泽、商品性好。缺点是：耐低温能力比黑籽南瓜差，12 月下旬至次年 2 月上旬，生长势比用黑子南瓜长势弱，因此，选用白籽南瓜做砧木时和秸秆生物反应堆技术配套使用效果较好。

(二)备足育苗床土

育苗床土要求养分充足、土质疏松、透气性和保水性好，不含病菌、害虫及杂草种子。主要成分是原土 5 份(含腐殖质丰富的山土或大田土)，有机肥 5 份(有机肥的主要原料是稻草、麦秸、稻壳、锯末等与鸡、猪、牛等畜禽粪经过 1 年左右的高温堆沤并倒翻 2～3 次，使其充分腐熟发酵)，充分混匀。每立方米床土掺入氮、磷、钾含量分别为 15 单位左右的复合肥 1.5 千克。在播种前 2 周使用 30%恶霉灵可溶性粉剂 600～800 倍液混拌均匀消毒。每亩需备床土 2～3 米^3(包括分苗用营养土)。

(三)浸种催芽

1. 黄瓜浸种催芽

每亩定植田需种子 100～125 克。用 55 ℃水温汤浸种，并迅速用木棍搅拌，当水温降至 30 ℃左右时，继续浸泡 4～6 小时，捞出经 2～3 次清洗后用纱布包起放置 28～30 ℃条件下催芽，每隔 7～8 小时用清水冲洗一次，洗去黏液，确保种皮透气、易发芽。经 36 小时左右，胚芽长至 0.15～0.2 厘米时，即可播种。

2. 南瓜浸种催芽

南瓜种子浸种催芽前先测定发芽率，因南瓜种子休眠期较长，当年种子发芽率只有 40%左右，贮藏一年后的种子发芽率在 90%左右，根据所测种子发芽率的高低决定浸种、播种数量。选用芽率在 90%左右的南瓜种子，每亩需播种量 1.5 千克。浸种、催芽方法基本与黄瓜相同，浸泡时间比黄瓜略长，6～8 小时，催芽时间需 48～72 小时，胚芽长至 0.1～0.2 厘米时，即可播种。

(四)播种

冬茬黄瓜播种时间比较严格，播种过早，株龄偏大，抗寒力下降，不利于安全越冬。播种过晚，春节期间不能形成批量商品，导致产量高峰期后移，影响经济效益。根据我市多年实践，适宜播期为 9 月中旬至 10 月中旬。

播种最好用育苗盘，可有效调节控制幼苗的生长速度及质量，管理方便。也可在地面直接做畦播种。具体做法是：将提前备好的育苗床土铺盘内或畦面 10 厘米，浇足底水，黄瓜按 4 厘米×4 厘米，南瓜按 6 厘米×8 厘米距离点播。播后黄瓜覆土 1 厘米，南瓜覆土 1.5～2 厘米，黄瓜与南瓜播期间隔 3 天，黄瓜先播，南瓜后播。

(五)播种后的管理

覆土后,在播种床上覆盖一层报纸,扣上小拱棚保温保湿。白天保持25～30℃,夜间15～20℃。黄瓜两天可出土,南瓜需3天出土。约有70%苗出土时揭去报纸,适当降温,白天24～28℃,夜间12～16℃。子叶展平后,用72.2%普力克水剂1 000倍液浇灌一次,防苗期猝倒病。

(六)嫁接

1. 嫁接前准备工作

备足10厘米×10厘米营养钵4 000只/亩,于嫁接前1～2天装好营养土,整齐摆放在温室中部,宽1.2米,东西长度视育苗数量而定,浇足水分。嫁接夹4 000只/亩,用70%安泰生200倍液浸泡消毒40分钟,捞出晾干待用。刀片适量,育苗床提前一天浇足水,保证起苗时土质疏松少伤根,搭好嫁接操作台。

2. 嫁接时秧苗标准

播种后13～15天,黄瓜子叶展平,真叶显露,茎粗0.3～0.4厘米,呈四棱形,株高7～8厘米;播种后10～11天,南瓜子叶展平,第一真叶半展开时,茎粗0.4～0.6厘米,株高8～9厘米。

3. 嫁接时机

嫁接前必须了解天气情况及变化规律,嫁接后有2～3个晴天,成活率均在90%以上,否则嫁接后即连阴2～3天,成活率会下降50%以上。因此,嫁接时应选择坏天气刚刚结束,好天气刚好开始时进行。

4. 嫁接方法

嫁接方法采用靠接法。先将黄瓜和南瓜苗挖出,去掉南瓜的生长点,用刀片在幼苗上部距生长点0.8～1厘米处和子叶平行方向自上而下斜切一刀,角度35°～40°,深度为茎粗的1/2,刀口长0.6～0.8厘米,轻放在工作台上。黄瓜苗距生长点1.2～1.5厘米处和子叶平行方向由下向上斜切一刀,角度30°～35°,刀口长0.6～0.8厘米,深度为茎粗的2/3,将黄瓜舌形切口插入南瓜的切口中,使两者的切口相互衔接吻合,接后黄瓜和南瓜子叶平行,黄瓜在上南瓜在下,用夹子固定后,栽入营养钵内,浇足水分,扣上拱棚。

(七)嫁接后的管理

1. 保温保湿,适时遮阴

嫁接后1～3天,白天保持25～28℃,夜间17～19℃,湿度95%～98%,出现萎蔫时适量遮阴,在保证不萎蔫的前提下尽量多见光。嫁接后4～6天白天温度降至22～26℃,夜间16～17℃,湿度85%～90%,一般在下午1点前后给予遮阴1～2小时,其他时间可充分见光。7天后进入正常管理,白天22～28℃,夜间

12～14 ℃，逐步撤掉小拱，用70%安泰生600倍液喷洒一次。以防苗期病害发生。结合喷药，加入少量叶面肥，确保嫁接苗健壮。

2. 断根

断根时间在嫁接后12～13天，在接口下1厘米处用扁口钳蘸50倍70%安泰生溶液在断根部位捏一下，挤出汁来，第二天再彻底断掉。

3. 倒方，除掉南瓜侧芽

断根时黄瓜苗已长出两叶一心至三叶一心，原有空间已不能满足生长发育所需。为改善光照条件，增加营养面积，按间距20厘米×20厘米均匀摆开，结合倒方，及时去掉南瓜的侧芽。

二、定植及定植后管理

（一）定植前准备

1. 整地施基肥

清除前茬作物的枯枝落叶及病残体。基肥以有机肥为主、化肥为辅，每亩施30%以上优质有机肥8 000～10 000千克，新建或通透性差的黏性土质，每亩施13 000～15 000千克，经粉碎、腐烂发酵的秸秆（稻草、稻壳、玉米秸、麦秸等可就地取材）2 000～2 500千克，氮、磷、钾含量为15-15-15的复合肥80千克，钙、镁肥10～15千克，撒施后深翻2～3次，深度50～60厘米，做成高20厘米，宽80厘米，沟宽50厘米马鞍式高畦。

有条件的可应用秸秆生物反应堆技术。该项技术最适合用于冬茬日光温室栽培，能提高地温3 ℃左右。减少霜霉病、灰霉病、角斑病、根结线虫等病害的发病率50%左右，增产30%以上。

2. 定植时间、密度及方法

10月中旬至11月中旬定植。苗龄30～35天，定植密度依不同品种要求而定，但差异不大，一般每亩栽苗2 600～3 000株，行距55～60厘米，株距35～38厘米。定植方法采用挖穴、浇水、栽苗，即“水稳苗”，宜先定植，后覆地膜。

（二）定植后田间管理

1. 温度管理

栽苗后1～3天促快速生根缓苗，白天28～32 ℃，夜间15～18 ℃。缓苗后至根瓜采收，适当加大通风，白天25～30 ℃，夜间12～16 ℃，以维持正常的养分输送和呼吸消耗，管理核心是促根控秧。从根瓜采收至春节期间白天25～30 ℃，夜间10～16 ℃，此时期放风不宜过大，白天维持较高的气温25～30 ℃，不仅有利于叶片同化量的合成，而且会直接影响到地温的高低，适宜的地温为白天20～24 ℃，夜间16～18 ℃,放风以排湿防病为中心。为了维持足够的夜温和地温,下午放帘时间不宜过晚,以放完草帘后太阳刚好落棚为佳。2月下旬后随着外界气温的升高和光照的增强,生长速度明显加快,白天适宜温度保持25～35 ℃,夜间14～18 ℃,以维持较长时间的产量高峰。

2. 水分管理

日光温室冬春茬黄瓜浇水的关键是前三水,首先定植水要浇透,其次定植后15～20天浇缓苗水,缓苗水不能漏,不能因为定植水浇的多就不再浇缓苗水。根瓜采收后浇第三水,水量宜小不宜大。每次浇水时间选择“冷尾暖头”的晴天上午,忌阴天、寒流来袭期间浇水。浇水后及时放风排湿、空气湿度保持白天70%,夜间85%,以早晨揭帘后叶片不结露为宜。浇水方法宜在北墙根通道用软管引入膜下暗灌,忌明沟明灌。有条件最好采用滴灌,既能节水、省肥,又能有效控制病害发生,减少打药次数,提高商品质量,降低生产成本。

进入2月上旬以后,天气转暖,光照增强,蒸发量明显加大,浇水间隔时间逐渐缩短,根据不同地势、地下水位高低而定,一般间隔5～7天浇1水。

3. 追肥

进入结瓜初期,结合浇水间隔两水追一次肥,结瓜盛期隔一水追一次肥。追肥品种选用液态肥、膏肥、黄瓜专用冲施肥。每次追肥量为纯氮(N)3千克、纯磷(P_2O_5)2千克、纯钾(K_2O)4千克(根据选用不同追肥品种折算,以尿素为例:一袋50千克尿素含纯氮23千克,3千克纯氮折成尿素6.5千克),追肥应遵循“少吃多餐”的原则,忌一次性追肥量过大。

4. 植株调整

定植后10天左右开始甩蔓时及时吊绳绕蔓,根瓜及时采收忌坠秧。随时去卷须、雄花及7片叶以下的侧枝,确保主蔓正常生长。中后期及时摘除下部老叶。秧蔓长至吊线顶端时,选择晴天下午落蔓,确保吊线、秧蔓同时下移,弯曲自然、有利缓秧。

5. 特殊天气的管理

在遇寒流、阴雪、连阴天特殊恶劣天气的情况下,要实施特殊的管理措施,以减少或避免灾害性天气给生产造成损失。

(1)在强寒流到来时,严密防寒保温,增加纸被,草帘覆盖,地窗部位增加围帘,草帘外层用铁线地锚固定,防止大风吹走移位。室内临时点灯泡等措施。

(2)连阴天时,在不明显影响室内温度下降的前提下,中午前后揭开草帘争取散射 光2小时以上。天气骤晴后施以叶面追肥,补充养分,增加棚内湿度,叶片出现严重萎蔫时进行适当回苫。

(3)雪天要及时清扫积雪,防止棚面负荷过重导致温室骨架倒塌。

三、病虫害防治

(一)播种前

1. 设防虫网

扣膜时在通风口处设置宽40厘米防虫网,以阻挡昆虫从风口处进入室内。

2. 棚室消毒

育苗前每亩用80%硫黄粉2千克加4.5%高效氯氰菊酯50克,拌锯末3.5千克,分8～10堆点燃,密封24小时,经放风无味后方可播种。

(二)播种至定植

播种后子叶展平至嫁接前1～3天用72%普力克800倍液(1毫升原药兑800毫升水=800倍)喷施1次。预防猝倒病。

嫁接后第7天用75%达克宁500倍液喷施1次,定植前1～2天再喷1次。预防霜霉病、炭疽病。

(三)定植后至根瓜采收

定植后3～5天用20厘米×30厘米诱杀黄板悬挂畦间,每亩挂20～25块,利用害虫对黄色的趋性诱杀蚜虫、白粉虱、烟粉虱、斑潜蝇等成虫。

此期间易发生的病害主要有霜霉病、细菌性角斑病、白粉病、黑星病和灰霉病,发病因素主要是低温、高湿,通风不良。在管理上采取降湿、增温,主要措施有:每天放帘后,要进入棚室内认真检查,有透光的部位及时采取措施,防止夜间热量散失。每天早晨揭帘后,及时清扫棚膜上的碎草及尘土,以最大限度提高棚膜的透光率。摘除下部老化的叶片,在不影响室内温度下降的情况下,中午12点前后通风1小时。未发病前用阿米西达1 500倍液喷雾,10～15天1次,连喷2次,然后用安泰生600倍液喷雾1次。

(四)从根瓜采收至春节前后。

此时期正值温度最低、光照最弱的季节,易发生的病害有霜霉病、细菌性角斑病、灰霉病、菌核病,有利于病害发生的条件是低温、高湿、光照不足。管理上仍以增温、降湿,争取光照时间为主。在用药的选择上,少用可湿性粉剂,以减少棚内湿度。用扑海因、百菌清烟剂熏烟,每次100～150克。下午放帘后在畦间分散点燃,密闭一昼夜,7～10天1次。连熏2～3次后,用银法利600倍液喷雾,15～20天1次,连喷2次。

(五)中后期(春节前后至拉秧)

进入2月中旬以后,发病特点是多种病害混合发生。依据哪种病害发生为主,对症用药,以霜霉病发生为主时,用银法利 800 倍液喷雾,10～15 天 1 次。若病害发生、发展较快时 7～10 天 1 次,连喷 2～3 次,重点喷施叶片背面(因病原菌从叶片背面侵染);以细菌性角斑病发生为主时用 78%万家 600 倍液喷雾,7～10 天 1 次,连喷 2 次;有灰霉病发生时,用扑海因 800 倍液,或施佳乐 800 倍液喷 1～2 次,同时用丰产剂一号兑水 1 千克加施佳乐 1 毫升在花开放前一天蘸花(病菌首先从花器开始侵染,俗称黄瓜烂头);有蔓枯病发生时用好力克 3 000 倍液喷雾,重点喷施植株的中下部茎叶;有炭疽病发生时用施保功 1 000 倍液喷雾,10～12 天 1 次,连喷 2 次。以上几种药剂高效低毒,但要注意品种间轮换,避免某一种药连续使用 3 次以上。

配药时,特别是可湿性粉剂,先用少量水(1 千克左右)稀释、搅拌,当完全溶解后再加水配成需要的浓度,以提高喷药质量,避免产生药害。

随着气温的不断升高,此期间蚜虫、白粉虱的虫口密度也会增加,可在畦间增加黄板悬挂数量,每亩增加 5～7 块。用爱美乐 600 倍液或盖虱 1 000 倍液 15 天喷施 1 次。有斑潜蝇发生时用 5%阿维菌素 3 000 倍液,或用金甲维盐 1 500 倍液喷雾,10～15 天 1 次。

四、生理性病害防治

在有效控制病虫害发生的前提下,冬、春季出现花打顶时,及时采收、疏瓜,叶面用金哥 1 500 倍液加瑞倍乐 3 000 倍液喷施,5～7 天 1 次,连喷 3～4 次。

进入 3 月后,棚内易出现高温缺硼致使出现尖嘴瓜,追肥时配合追施优力硼锌,每亩每次 200 克,叶面喷施汽巴瑞培硼 1 500 倍液,7～10 天 1 次,连喷 2 次。

低温、氮钾肥使用过量引起的缺钙症,叶片边缘(镶金边),干黄,心叶呈勺状时,除随水冲施含钙的肥料外,叶面喷施瑞培钙 1 500 倍液,6～8 天 1 次,连续 2～3 次。

五、及时采收

对已成熟的商品瓜及时采收,防止延时采收而坠秧,造成商品质量下降。

六、注意问题

(1)有机肥未充分腐熟发酵,施用后 30～50 天,在棚室高温环境下有机肥开始发酵、分解,造成烧根、死秧。有的根系直接扎在未腐熟的粪块上,此时黄瓜已进入采收期,造成的损失已无法弥补。施用生粪的原因主要有 3 个:

①主观上存在误区,认为有机肥完全发酵后就没劲了(养分就失效了),所以主观上故意用生粪。

②事前未做充分准备，临近生产才开始购买粪肥，此时已进入秋季，外界气温逐日降低，在短时间内很难完全发酵。

③粪肥准备的虽然很早（春季4—5月），但运回后堆在那里就不再管了，一个夏季不倒不翻，里面没有氧气，堆放的时间虽然长，但仍不会发酵，施肥时粪肥虽然是块状结构，但不是松散的颗粒结构。

正确的做法：在高温季节到来之前（6月之前）即在使用前5个月备足（10米^{3}左右）有机肥，然后进行分层堆沤，即一层粪肥（厚度15～20厘米）撒一层土（厚度5～10厘米），掺入粉碎的秸秆或玉米秸秆（长度10～15厘米）、稻壳、锯末等有机物，可就地取材（秸秆的厚度20～25厘米）一层粪一层土一层秸秆，这样重复分层堆制，每隔1～2个月倒翻1次，共倒翻2～3次。至定植前施用时，粪肥与秸秆完全腐熟，施用后不仅为黄瓜的正常生长提供养分，还可以改良土壤，使黏质土的容重变轻，通透性得以改善，对沙质土壤可起到保水的效果。

(2)大剂量及多种农药混用致使发生药害造成不必要的损失。在防病治病的环节上，一些农户存在严重误区：用药量过大，超出使用说明规定的剂量；施药次数过多，间隔期过短；多种（3种以上）农药同时混合使用，其结果是产生严重的药害，抑制了黄瓜的正常生长，出现化瓜及花打顶现象。

科学正确的方法：未发病前用药时，选用保护性杀菌剂而不用治疗性杀菌剂（见农药说明书），浓度按药袋说明范围内的最低使用浓度（如说明中规定500～800倍时，那么就用800倍，而不用500倍）。当发现病株后，再用500倍液。发病前用药间隔期可长，发病后用药间隔期可短，如规定用药间隔10～15天时，发病前间隔15天1次，发病后间隔10天1次，当田间有两种以上病害发生时，针对病害对症用药，可用两种不同药剂进行复配，起到一次施药而兼治多种病害的效果。当田间只有一种病害发生时，选用多种农药进行混配，农药名称虽然各异，但有效成分往往相同，造成一次性用药总量过大，是产生田间药害的根本原因，因此禁止一种病害发生而使用多种农药混配。

第二节 设施番茄越夏栽培技术

番茄别名西红柿、洋柿子，是茄科番茄属一年生或多年生草本植物，原产于南美洲，中国南北方广泛栽培。番茄具特殊风味，可以生食、煮食、加工制成番茄酱、汁或整果罐藏。番茄果实含有丰富的胡萝卜素、维生素C和维生素B、番茄红素等营养元素，并且具有祛斑美白的功效。番茄是全世界栽培最为普遍的果菜之一，也是最主要的设施栽培种类，近年来我国北方在夏季利用冷棚设施进行越夏栽培，可获得较高的经济效益。

一、育苗

(一)品种选择

越夏大棚生产选用耐热、抗病(重点病毒病)、优质、高产、具无限生长习性的番茄品种，惠妃 895、惠妃 863、贵妃 863、新欧盾、欧姆二号、欧姆九号、爱吉 112 等。

(二)育苗时间及设施

根据育苗定植季节不同可选用不同的育苗时间及设施。在 3 月中旬至 4 月上旬育苗的，可在日光温室和塑料大棚内阳畦育苗。4 月中旬至 5 月上旬育苗的，用塑料大棚或塑料小拱棚育苗。育苗场所选在通风良好，易排易灌，前茬不是茄果类作物的地块。

(三)营养土配制

选择三年内未种过茄果类蔬菜的园田土，与充分腐熟的有机肥过筛后，按 2∶1 比例混匀，每立方米加碾碎的氮、磷、钾各为 15%的三元复合肥 1 千克。用塑料薄膜盖好，高温堆闷 3～5 天后备用。用 70%安泰生可湿性粉剂与 50%福美双可湿性粉剂按原 1∶1 混合，按每平方米用药 12 克，与 5 千克过筛营养土混合，播种前 1/3 铺在床(钵)表面，2/3 覆盖在种子上，使番茄种子夹在两层药土中间，防止病菌浸入。注意覆土时保证种子上面覆土厚度为 1 厘米左右。如果覆土过薄，会造成“戴帽”苗出现，使子叶伸展不开，影响长势；如果覆土过厚，番茄出土困难，苗弱，抗病性差。

(四)种子处理

番茄种子表面甚至内部常常带有病毒病、细菌性溃疡病、枯萎病和早晚疫病等多种病原菌，如果把带有病菌的种子播种后，很有可能导致幼苗或成株发病。所以播种前的种子消毒是十分必要的。种子消毒的具体操作步骤如下：

首先采用药剂浸种，把种子放入清水中浸泡 2～3 小时，其次把种子放入 800 倍高锰酸钾溶液中，浸泡 20～25 分钟，用清水冲洗干净。最后用益微菌剂进行拌种，每 200 克种子用益微菌剂 20 克左右，将菌剂撒入种子中翻动数次，稍晾即可播种。此方法属于生物防治技术，以菌治菌，可防治苗期立枯、猝倒以及定植后的枯萎、根腐等多种病原杂菌。

(五)育苗方法

对育苗器具(营养钵等)用 300 倍福尔马林溶液或 0.1%高锰酸钾溶液浸泡或喷淋消毒。

1. 平畦育苗

将配制好的营养土铺入苗床，厚 10 厘米，浇足底水，待渗后撒一薄层营养药土，割成 10 厘米×10 厘米小方块，每块中间点播一粒种子，播后撒一层药土，并用营养土覆盖种子 0.6～0.8 厘米厚，再覆盖一层报纸，用喷壶将报纸喷湿，每隔 50～60 厘米插高 50 厘米以上拱架，先在拱架上覆盖一层 40 目以上的防虫网，再覆盖一层薄膜，薄膜两侧固定于埂上，中间用防风绳固定好。

2. 营养钵育苗

将营养土装入 10 厘米×10 厘米营养钵内(装满按实)，并摆放在育苗床内，播种方法同平畦育苗。

(六)播后管理

(1)温度管理　播种至齐苗，白天控制在 25～30 ℃，夜间 12～18 ℃；齐苗至分苗，白天 20～25 ℃，夜间 14～16 ℃；分苗至定植，白天 20～25 ℃，夜间 10～15 ℃。注意出现高温时必须及时通风，遮阳。播后 3～4 天苗刚出齐后，在早、晚时间及时撤掉报纸。

(2)水分管理　育苗时浇足底水后，播后 20 天左右一般不再浇水。当秧苗心叶叶色变为暗绿时，可喷水 1～2 次，并应在上午 8 点之前进行。

(3)秧苗调节　根据秧苗长势，当稍有徒长时，每间隔 5～7 天喷助壮素 1～2 次。为防止种子“戴帽”出土，幼苗顶土时可撒些细土，兼顾弥补裂缝利于生根，减少水分蒸发。

(4)注意看护，以防牲畜、老鼠破坏及大风揭膜。

(七)苗期病虫害预防

(1)防治猝倒病　低温高湿易发生苗期猝倒病，播种前(底水渗后撒药土前)在床面喷施 800 倍 72%普力克液，播种覆土后再重喷一次。

(2)防治立枯病　分苗后，为了防治立枯病发生，喷淋 30%瑞苗清 2 000 倍液。

(3)防治病毒病　在番茄有 3～4 个真叶时，喷施一次菌克毒克 600 倍液＋瑞培锌 3 000 倍液。

(4)防治茎基腐病(即定植后死苗现象)　可在定植前 2 天，喷淋瑞苗清 3 000 倍液＋益微菌剂 1 500 倍液。

(5)苗期防治　苗期喷施 70%艾美乐 3 000 倍液和 1.8%爱福丁乳油 1 200～2 000 倍溶液防治蚜虫和潜叶蝇。

(八)苗龄及壮苗标准

一般苗龄在 30～35 天，苗高 15～18 厘米，茎粗 0.6 厘米以上，4～5 片叶，叶色浓绿，次生根系发达，无病虫。

(九)育苗注意事项

为确保育苗成功注意不用没发酵好的粪;不用种过茄果类蔬菜的土;不用上年使过除草剂的玉米地土,底水必须灌足;种子处理时不能烧籽、烫籽;配制使用药土;播后管理好温度,温度控制在 15～30 ℃之间;上防虫网;出苗后及时喷药和往基部培土;防治蝼蛄和老鼠。

二、定植

(一)定植前准备

1. 保护设施安装

定植前一周选择无风的早晨,扣好棚膜,通风口可设在顶部和棚下两侧,也可设在棚下两侧和棚顶两侧距地面高 2 米处。同时,通风口处安装 32～40 目尼龙防虫网(网宽 1～1.5 米),并及时上紧压膜线。

2. 大棚消毒

上茬种过蔬菜的大棚应进行消毒处理。可采用高温闷棚、药物熏棚等技术,新建大棚也要对大棚进行普遍消毒,可用 30%恶霉灵可湿性粉剂 1 000 倍液在扣棚时对地面进行喷洒消毒。

3. 整地施底肥

由于番茄对地力要求较高,较为喜肥,所以底肥品种要全,避免单一加大化肥用量的做法。最佳的肥料种类应包括优质有机肥、常用复合肥、生物菌肥、微量元素肥等。根据河北省的土壤状况,以每棚六分地计算,番茄底肥每棚的用量为:优质有机肥(以优质腐熟鸡粪肥为例)500～600 千克;氮肥(N)5 千克(折尿素 10.9 千克);磷肥(P_2O_5)8 千克(折过磷酸钙 67 千克);钾肥(K_2O)7 千克(折硫酸钾 14 千克);美国硼砂集团的优力硼锌肥 200 克;瑞士汽巴公司瑞绿 20～30 克;佳园益微 500 克(定植时挖坑拌细土使用)。此外,对于种植年数较长的棚室,由于化肥的连年过量使用,土壤板结或盐渍化严重,可在整地时每亩拌土撒施 200 克的松土精,解决土壤板结和积盐问题。

4. 起垄做畦

按土地土质及水分状况,可选以下 3 种做畦或起垄方法之一:

(1)做畦栽培。即做成畦,畦内定植两行或一行。以后不再起垄。适合高燥易渗漏地。

(2)起垄栽培。定植前作成高 20 厘米垄台,垄上定植两行或一行。适合低洼涝地。

(3)定植后在大行中间挖一宽 25 厘米,深 10～15 厘米小沟,沟土培于沟两侧成垄台。适合一般土地。

(二)定植

1. 定植日期

塑料大棚定植日期为 4 月 15～25 日。日光温室定植日期为 5 月 25 日至 6 月 5 日。定植较早的,在 10 厘米地温稳定在 10 ℃以上时定植。

2. 定植密度及规格

采用单杆整枝的,定植 2 000～2 600 株。土壤肥力高的可采用双杆整枝,定植 900～1 100 株。株行距为大小行栽植:大行 90 厘米,小行 70 厘米,株距按定植密度确定;等行距栽植,行距 80～90 厘米,株距按定植密度确定。

3. 定植方法

(1)开沟定植　开深 15 厘米的沟,灌满水后,将带坨秧苗定植于沟间,秧坨顶面与田面平。再浇一次水,渗后覆土,土高不超过子叶。

(2)挖穴定植　先行覆盖地膜的,挖穴坐水栽苗。栽植时沟中施生物菌肥,封土前每亩用福美双 1 千克加甲霜恶霉灵 0.3 千克制成 200 倍杀菌土撒于植株周围。重茬地块用 NEB 液进行土壤处理。

三、田间管理

(一)水分管理

定植后土壤湿度维持在田间最大持水量的 70%～80%。定植后的高温季节,一般土质条件下每隔 4～7 天浇一次水。初春和秋季每隔 7～10 天浇一次水。低洼湿地适当延长浇水间隔期。浇水一般在清早进行,起垄栽培的在傍晚进行。

(二)温度管理

棚室内昼温维持在 25～30 ℃,夜温 14～16 ℃,当外界最低气温稳定在 12 ℃以上,可昼夜通风。防止出现超过 35 ℃的高温。

(三)光照管理

在确保温度不过高前提下,尽量增加光照强度。采用遮阳网遮阳时,在晴天棚室内植株顶部高度的温度升至 30 ℃时,将遮阳网设在太阳光直射的位置上,降温后及时收起。

(四)施肥管理

当第一穗果坐住并开始膨大时,结合浇水施肥,以后每穗果追肥一次或每隔 10 天追一次肥,每次追肥 8～10 千克/亩。坐果期到果实膨大期追施氮∶磷∶钾比例为 1∶1∶1 的复合肥 30～50 千克,果实转色期到成熟期可追施钾宝(氮∶磷∶钾比例为 1∶1∶2)5～10 千克/亩,追肥可穴施,也可随浇水冲施,同时注意施入适量钙、镁、硼、锌、钼等营养元素,可采取叶面喷施等方式施入。

(五)植株调整

1. 可根据种植天数的长短和棚室的高低,选用以下整枝方法

(1)单干整枝 4～6 穗整枝法:保留主干,将侧枝陆续摘除,在最上花序之上留两片叶,并保留 1～2 个侧枝。此整枝方法适合栽植较晚或进行短期栽培,留果穗较少(4～6 穗)时应用。

(2)单干换头整枝

①三穗多次换头整枝法 留单干,当主干第三穗花出现,其上留 2 片叶摘心。在第三穗果下留一壮侧枝,经生杈留一片叶摘心后,待第一穗果坐住果后,再放长为主枝,去掉其他侧枝。以后新主枝长出第三穗花时,其上再留两片叶摘心,坐果后再培养一个侧枝当主枝,继续生长,重复进行。

②五穗+三穗多次换头整枝法 留单干,第五穗花出现后,其上留两片叶摘心。在主干中上部经多次生杈留一片叶摘心,当第四穗果采收时,再培养一个新枝,并将新枝放长结果,留 2～3 穗果后摘心。以后可多次重新留枝,新枝均留 2～3 穗果。

③二穗多次换头整枝法 当主干第二穗花开后,在第二穗花上留两片叶摘心,成为第一结果枝。保留第一穗花下长出的第一侧枝,在第一侧枝上留两穗花后,在其上留两片叶摘心,成为第二结果枝。在第二结果枝的第一穗花下长出的侧枝为第三结果枝,依此类推,留 4～5 个结果枝。打掉其余侧枝。并在下午时对结果枝进行扭枝处理,使结果枝均匀分布于株行两侧。

(3)双干换头整枝

五穗+四穗多次换头整枝法:留双干,主干留三穗花,第一穗花下侧枝保留成辅干,辅干留两穗花后,对主、辅干均留两片叶摘心。在主干第三穗果下和辅干第二穗果下各留一新枝。对新枝进行多次生杈留一片叶摘心。待第一穗果采收后,将新枝培养成主干,各留两穗果,其上留两片叶摘心。可重复进行。

2. 打杈去老叶

当侧芽长到 7～10 厘米时去除,要掰杈不要掐杈。掰杈在晴天叶片无露水后进行。长在最低位果穗以下的老叶、黄叶要及时分次摘除。

3. 吊蔓放蔓

在第一穗花开后,用吊绳吊蔓。对多次换头整枝的,在摘完一茬果(3～5 穗)后,进行落蔓。将蔓按垄下放接地后,再重新换绳吊蔓。落蔓应在午后进行。每穗花结果后,用绳将果穗吊在蔓上。

(六)保花疏果

1. 保花保果

当出现 15 ℃以下低温或 30 ℃以上高温时,应使用生长调节剂蘸花、抹花和喷

花。用防落素等生长调节剂进行喷花或蘸花,并根据当时气温高低采用适宜的浓度。

2. 疏花疏果

开花时,每穗选留 6～7 朵壮花,其余疏掉。坐果后,如坐果偏多时,去掉第一个果和末尾小果及畸形果,选留 4～5 个好果。对光照强的位置和壮秧可多留果,反之少留果。

四、病虫害防治

(一)病害

1. 番茄茎基腐病

近年来,番茄定植时的茎基腐病已经发展成了一个定植后危害最重的病害。

(1)症状识别　发病部位为番茄茎基部接近地面处,刚开始出现褐色水渍状病斑,以后病斑逐渐扩大,绕茎一圈,导致番茄整株死亡。湿度大时可见病斑上有白色霉层。

(2)防治方法　定植前药剂防治,做到无菌苗入地,可喷淋 72.2%普力克 600 倍液+益微菌剂 1 000 倍液。定植时浇小水,避免大水漫灌。缓苗后喷施两次药剂预防,第一次采用 30%瑞苗清 1 500 倍液+益微菌剂 1 000 倍液,隔 4～5 天后,用银法利 800～1 000 倍液再次喷淋一次,对番茄茎基腐病防效最佳。注意喷药时一定要采用喷淋的方法,使药液流到根茎部。

2. 番茄晚疫病

晚疫病是为害番茄最重的病害。为害番茄茎、叶和果实,发病时常减产 20%～30%,严重时可以毁棚。

(1)症状识别　多从下部叶片叶尖或叶缘开始发病,病斑初为暗绿色水浸状,逐渐为暗褐色,病健交界处界限不明显,病斑上无轮纹,高湿时叶背沿病斑外缘产生白色霉状物,茎部受害,病斑由水浸状变暗褐色,后呈黑褐色,稍凹陷。果实受害,发生暗绿色病斑,病斑稍凹陷,病部呈不规则云纹扩展状,病果质地较硬而不软腐。

(2)防治方法　防治番茄晚疫病推荐的药剂(表 3-1)。

表 3-1　防治番茄晚疫病推荐的药剂

中文通用名	有效成分	商品名	施用方式	使用剂量	备注
70%丙森锌可湿性粉剂	丙森锌	安泰生	喷雾	500～700 倍	广谱保护剂,可预防多种病害

续表3-1

中文通用名	有效成分	商品名	施用方式	使用剂量	备注
45%百菌清烟雾剂	百菌清		熏蒸	200～250克/亩	阴天使用,可防病但不治病
66.85%银法利悬浮剂	霜霉威+氟吡菌胺	银法利	喷雾	800～1 200倍	目前防治卵菌纲最有效的药剂,持效期20天以上
66.8%丙森·缬霉威可湿性粉剂	缬霉威+丙森锌	保家	喷雾	600倍	防治效果好,性价比最佳,持效久
69%烯酰吗啉·锰锌可湿性粉剂	烯酰吗啉·代森锰锌	安克锰锌	喷雾	1 000倍	防治效果好,但易产生抗药性
58%甲霜灵·锰锌可湿性粉剂	甲霜灵·代森锰锌	雷多米尔锰锌	喷雾	500～800倍	防治效果好,但易产生抗药性

3. 早疫病

各地温室、大棚栽培番茄全年均可发生,但以春播番茄为重。本病除直接为害茎叶果外,还可抑制番茄植株生长和果实形成。其主要侵害茎叶果实等器官,以叶和茎叶分枝处最易受害。

(1)症状识别　一般下部叶片首先发病,逐渐为害上部叶片。叶片症状初期为水渍状病斑,渐呈褐色或黑褐色圆形至椭圆形斑点,成熟病斑边缘黑褐色,中央灰褐色,具同心轮纹,病健交界处有黄色或黄绿色晕圈。严重时多个病斑可连合成不规则形大斑。茎、叶柄或果柄发病,病斑梭形或椭圆形,深褐色,稍凹陷,具同心纹和晕圈,病枝易由病处折断。青果受害,多由果蒂附近开始,病斑比叶茎病斑颜色深,凹陷,具同心轮纹,病果开裂,病部变硬,病果提早变红。空气相对湿度大时,病斑上可生成黑色霉层。

(2)防治方法　防治番茄早疫病推荐的药剂(表3-2)。

表3-2　防治番茄早疫病推荐的药剂

中文通用名	有效成分	商品名	施用方式	使用剂量	备注
70%丙森锌可湿性粉剂	丙森锌	安泰生	喷雾	500～700倍	广谱性保护剂,杀菌补锌显著
43%戊唑醇水剂	戊唑醇	好力克	喷雾		防效最佳,效果明显
25%丙环唑水剂	丙环唑	斑无敌	喷雾	4 000倍液	防效佳,但应控制用量,易出药害

续表3-2

中文通用名	有效成分	商品名	施用方式	使用剂量	备注
10%苯醚甲环唑水分散颗粒剂	苯醚甲环唑		喷雾	800～1 500倍液	使用安全，不易出药害，防效一般
40%氟硅唑乳油	氟硅唑	福星	喷雾	8 000～10 000倍液	抗药性强，不宜使用

4．灰霉病

灰霉病是温室和塑料大棚番茄生产中普遍发生、危害严重、导致生产损失较大的一种病害。保护地反季节生产高湿低温，非常适宜灰霉病发生，常常引起严重危害，一般减产20%～30%，有时可达50%。除为害番茄外，还为害茄子、青椒、黄瓜、菜豆等蔬菜。

（1）症状识别　灰霉病为害番茄地上部分，以果实发病最重。成株期叶片发病，由叶缘向内呈V形扩展，病斑初呈水渍状，边缘不规则，后呈浅褐色到黄褐色。染病的花瓣、花蕊等落到叶面或枝杈上，可形成圆形或梭形病斑。病斑上有浅轮纹。病叶干枯后高湿度下可产生灰褐色霉层。果实发病多由花器侵入，番茄青果染病，近果蒂、果柄或果脐处首先显症，病变部果皮灰白色水渍状软腐，病斑很快发展成不规则形病斑，病斑上易产生致密灰褐色霉层。有时病菌可直接侵染刚形成的幼果，但以后不再扩展，果实可继续发育，成熟时果实上形成圆形、外缘淡绿色、中央银白色、直径1厘米左右的斑点，严重时可致果实畸形，品质下降。

（2）防治方法　防治番茄灰霉病推荐的药剂（表3-3）。

表3-3　防治番茄灰霉病推荐的药剂

中文通用名	有效成分	商品名	施用方式	使用剂量	备注
40%嘧霉胺悬浮剂	嘧霉胺	施佳乐	喷雾	1 000～1 500倍	使用安全，防治效果佳
16%己·腐悬浮剂	己唑醇＋腐霉利	速福	喷雾		成分新，复配制剂，抗药性慢，防效好
50%乙烯菌核利干悬浮剂	乙烯菌核利	农利灵	喷雾	1 000倍	效果明显，但易产生抗药性，注意使用
65%禾家可湿性粉剂	多·乙合剂	禾家	喷雾		配方独特，控制效果好

5. 叶霉病

番茄叶霉病是保护地番茄反季节生产的重要病害之一。该病流行速度快,短期内在保护地即可暴发成灾,一般损失20%～30%,严重时可达50%～80%。

(1)症状识别　此病主要侵害叶片,茎、花、果也可被害。叶片发病由下部老叶向上发展,而以中部叶最易感染。叶正面首先出现微黄色褪绿斑点,边缘不清晰,叶背面生灰白色霉点,以后褪绿部分变成椭圆形或不规则形淡黄色病斑,逐渐呈黄褐色或褐色,叶背面灰白色霉点变灰褐色或黑褐色绒状霉层,霉层中央较密,边缘稀疏。发病严重时,病斑连片,叶片干枯卷曲,直至病株枯死。果实受害后,可围绕果蒂形成圆形黑色病斑,病部稍凹陷而硬化,或在果面上产生较大斑块,最后变成僵果或大量落果。

(2)防治方法　防治番茄叶霉病推荐的药剂(表3-4)。

表3-4　防治番茄叶霉病推荐的药剂

中文通用名	有效成分	商品名	施用方式	使用剂量	备注
70%丙森锌可湿性粉剂	丙森锌	安泰生	喷雾	500～700倍液	广谱性保护剂,杀菌补锌显著
50%扑海因可湿性粉剂	异菌脲	扑海因	喷雾	750～1 000倍液	兼治灰霉病,防效佳
43%戊唑醇水剂	戊唑醇	好力克	喷雾	3 000倍液	防效最佳,效果明显
25%丙环唑水剂	丙环唑	斑无敌	喷雾	5 000倍液	防效佳,但应控制用量,易出药害
10%苯醚甲环唑水分散颗粒剂	苯醚甲环唑		喷雾	1 000～1 500倍液	使用安全,不易出药害,防效不太突出

6. 溃疡病

(1)症状识别　番茄溃疡病危害较大,茎叶果均可受害。幼苗叶片自上而下逐渐萎蔫,胚轴或叶柄处产生凹陷溃疡状条斑,植株矮小或枯死。成株染病初期下部叶片凋萎,茎内部变褐色,逐渐产生空腔,下陷或开裂,茎略变粗,并有不定根产生。茎部受害,病菌沿着维管束传播,致使一侧或部分小叶凋萎。果实受害果面上出现白色突起的斑点呈典型的"鸡眼斑"。

(2)防治方法　防治番茄青枯病和溃疡病推荐的药剂(表 3-5)。

表 3-5　防治番茄青枯病和溃疡病推荐的药剂

中文通用名	有效成分	商品名	施用方式	使用剂量	备注
78%硝基腐殖酸铜可湿性粉剂	硝基腐殖酸铜	万家	喷淋	600 倍液	效果最好,属于有机态铜制剂,可与其他药剂混用,治疗、预防兼备
47%春雷·王铜可湿性粉剂	春雷霉素·王铜	加瑞农	喷淋	500～700 倍液	效果可以,宜在前期使用
50%虎胶肥酸铜可湿性粉剂	虎胶肥酸铜	DT	灌根	400～500 倍液	抗性强,宜在前期使用,治疗差
77%氢氧化铜可湿性粉剂	氢氧化铜	可杀得	灌根	500～750 倍液	效果可以,但不能与其他药剂混用

7. 病毒病

(1)症状识别　番茄病毒病有多种不同的症状表现,最常见的有以下 3 种。

①花叶型　多发生在顶部,老叶症状较轻。叶片呈现浓淡不均、黄绿相间的病斑,叶片凸凹不平,严重时叶面卷曲皱缩,或落花落果,果实小、品质差。

②蕨叶型　顶部幼叶细长,不易展开,严重时螺旋状下卷。新生叶狭小,厚而硬,有的形同黄瓜卷须,复叶节间缩短,丛状枝。花冠加长成巨型花。植株矮化,病果畸形,果心呈褐色。

③条斑型　叶片上病斑呈深褐色斑点或云纹状斑块,叶片卷曲,叶背面叶脉枯褐色,病斑向叶柄基部扩展,在茎蔓上呈枯褐色斑块,病斑坏色,表面稍凹陷。青果受害,表面产生不规则油渍状褐色斑块,病果表面凸凹不平,变硬而畸形。

(2)防治方法　防治番茄病毒病推荐的药剂(表 3-6)。

表 3-6　防治番茄病毒病推荐的药剂

中文通用名	有效成分	商品名	施用方式	使用剂量	备注
20%盐酸吗啉胍·铜可湿性粉剂	盐酸吗啉胍·铜	病毒 B	喷雾	750 倍液	防治病毒病时,必须要加入瑞士汽巴公司瑞培锌,提高植株的抗病毒能力
10%宁南霉素水剂	宁南霉素	菌克毒克	喷雾	800～1 000 倍液	

8. 番茄生理性病害

番茄常见的生理病害主要有畸形果,果实筋腐病,裂果,空洞果,脐腐病以及卷叶,番茄缺镁,日灼、番茄青肩、黄皮果等。

(1)畸形果　春番茄生产中,易出现果实畸形,由于育苗期间,温度低、光照弱,前期花芽分化受阻及花芽营养过剩(果实心皮分化不正常或形成复合花)。根系发育不良,地上部与地下部比例失调。开花期施用生长调节剂的时间、浓度不当,以及早春定植后花期低温、光照差,肥水管理失衡等原因,均会引起果实尖顶、畸形。

防治畸形果应选用不易产生畸形果的品种,发生畸形果后要及时摘除,以利于正常花果的发育。加强光温调控,培育抗逆性强的壮苗。苗床要光照充足并适时适量通风,幼苗破心后,宜控制昼温 20～25 ℃,夜温 13～17 ℃,以利于花芽分化,培育出适龄壮苗。在肥水管理方面,采用配方施肥,最好的育苗肥为益生元育苗肥,可满足植株生长发育所需的各种营养条件,避免偏施氮肥,防止分化出多心皮及形成带状扁平形状。如果幼苗出现徒长,勿过分采用降温或干旱控苗措施,而应在加强通风、适当控湿的基础上,喷施碧护 15 000 倍液＋汽巴磷酸二氢钾 600 倍液,这样既可提高幼苗质量,又不影响花芽分化。

(2)果实筋腐病　筋腐病是保护地番茄发生较为严重的一种生理病害,冬春茬栽培的番茄多在第一、第二穗果上大量发生,病果在转红期症状明显。主要症状是果实着色不匀,有绿色斑块,横切后可见果肉维管束变褐坏死。病果胎座组织发育不良,部分果实有空腔发生,严重时发病部位呈淡褐色,表面变硬。重病的果实无商品价值。发病植株的茎、叶没有明显症状,不同品种抗筋腐病性能不同,环境条件对发病的轻重有很大影响,光照不足,气温偏低,连续阴天,对光合作用极为不利,容易发病。同时地温低,土壤湿度过大或过小,通风不良。农家肥施用较少,氮肥过多,土壤中缺钾、硼等营养元素,植株对土壤养分的吸收不平衡,影响光合作用及光合产物的积累,也易发病。因此,光照不足、积温不足是筋腐病发生的重要原因。此外,重茬地、缺乏微量元素,温室空气不流通,温度过高,昼夜温差小,也会引起筋腐病。

防治上应采取农业综合措施,力求减轻发病程度。选用抗病品种作为重发地区的主栽品种。发病重的温室定植时使用益生元菌肥,有利于缓和土壤养分的失衡状况,促进作物对土壤养分的平衡吸收,以满足代谢作用的需要。根据番茄对氮、磷、钾、钙、镁的吸收比例,确定合理的追肥,针对河北市场,最适合的冲施肥为菜乐乐冲施肥,长期冲施可以协调各种元素的吸收比例,改善土壤营养状况,增强光合产物的积累。采用透光性能好的农膜,适当稀植,增加行间透光率,改善光照条件,调节好适宜的温度及土壤氧气、水分供应,适当降低夜温,最大限度地提高光合作用。叶面喷施瑞培乐 3 000 倍液＋汽巴磷酸二氢钾 500 倍液，15～20 天一次，连续喷 2～3 次，能够促进光合产物的运输和积累。

（3）裂果　以果蒂为中心向外形成放射状或同心圆状裂沟，或果脐呈不规则状开裂。放射状裂果是由于表皮失去弹性，果实吸水内部膨压很强所致，常在果实变色期发生。裂果不适宜贮藏和运输，易感病害烂果，商品性降低。发生原因跟水分有直接的关系，土壤水分忽高忽低，果皮表面硬化，突然加大湿度，果实内水分增多，果实膨大，果皮胀裂。温度忽高忽低，湿度不均衡，果实膨大不正常，发生裂果。阳光直射果实表面，使果实硬化，吸水后造成裂果。当果实内含物较高时，果皮着水，发生裂果。

防止裂果发生应选用抗病品种，长型、小型果品种不易裂果，大中型果、皮厚、无果肩品种裂果少。加强水分管理，每亩地施美国硼砂集团优力硼锌肥 200 克，提高土壤保水透水能力，在果实膨大期经常灌水，保持土面湿润，防止土壤过干过湿，叶面喷施瑞培硼 1 500 倍液，也可以减轻环状裂果的发生率。喷施瑞培钙 1 500 倍液，可以增加番茄果皮的厚度，还可以减轻果实纵裂的现象。

（4）空洞果（空心果）　果实外形带棱角，果内不充实，果皮厚薄不匀，果肉汁少，果皮和果肉分离，出现空腔，品质差，单果重降低。造成番茄空洞果的原因较多：开花期的高温抑制了花粉粒的发育，使不孕花粉粒增多，受精不完全，种子形成较少，胎座组织发育差，果胶物质形成少，形成空洞果。果实连续采收，发育后期天气炎热，呼吸和蒸腾作用旺盛，而水肥供应不足，使果实中养分亏缺，供应不足。施用氮肥过多，植株生长过旺，或土壤贫瘠，在果实膨大时水肥供应不足。植物生长调节剂处理后果实生长迅速，但水肥供应不足，致使养分分配失调。

生产上防止空洞果的发生可底施益生元菌肥 50 千克/亩，追施菜乐乐冲施肥，保证氮、磷、钾肥和微量元素的配合施用，并加强后期管理；喷花时加入 20%金哥，每袋兑水 45 千克，也可有效地解决空洞果的问题。

（5）脐腐病　脐腐病也叫黑膏药。发病部位在果实脐部，幼果较易受害。发病初期，果实脐部出现暗绿色水渍状斑点，病点逐渐扩大，达 1～2 厘米，果实其他部分可继续增大，并提早转红，最后病斑变为褐色或黑色，稍凹陷，果脐扁平。造成脐腐的主要原因是水分供应失调。前期水分供应充足，植株生长旺盛，而结果期水分缺乏易发病。大量施用未经腐熟的农家肥，土壤浓度过高。土壤过于黏重，盐分过高，天气干旱，蒸发过大等情况易发病。另外，土壤中可吸收的钙质不足，或植株吸收钙的能力下降，使果实细胞生理代谢紊乱，失去控水能力，也可造成脐腐病。

脐腐病的防治应多方面考虑：定植前期，以适当控水为主，即可促进根系生长，又有利于减轻病害,保证结果期有充足的水分供应,浇水选晴天上午和傍晚进行。坐果后30天是番茄吸收钙质的关键时期,此期间要保证钙的供应,叶面可用瑞培钙1 500倍液喷雾施肥,一般从开花期开始,每隔15天1次,共施2～3次。

(6)卷叶　卷叶多发生在番茄生育中后期,顶部叶片或底部叶片或全株叶片卷曲。果实暴露于阳光下,影响果实膨大,甚至出现日灼病。造成叶片卷曲的主要原因是气温过高而土壤含水量较低,发病较重,高温或干旱也容易引起叶片卷曲,植株整枝打杈过重,也会引起卷叶,另外与品种也有关。

防治卷叶首先要搞好土壤水分管理,加强通风,防止出现土壤过干过湿,控制高温出现。协调植株的生长状态,避免打杈过重。同时叶面喷施汽巴磷酸二氢钾600倍液+瑞培乐3 000倍液,可以缓解卷叶症状。此外,选择抗高温的品种也很关键。

(7)番茄缺镁

主要症状:发病初期,叶正面块状失绿发黄,以后慢慢发展到整个叶片,但叶缘和叶脉仍为绿色。

发病原因:土壤温度低影响根系对镁的吸收;钾肥用量过高;土壤中缺镁。

防治方法:多施有机肥和提高地温。配方施肥,减少钾肥用量。土壤缺镁时,每亩底施硫酸镁10～15千克。根外追肥,出现症状后,可喷800倍瑞培镁水溶液。

(8)番茄青肩果、黄皮果　番茄进入结果盛期以后,遇到不良天气(气温低、光照弱),或者施肥不合理(偏施氮肥)就很容易引发番茄青肩果、黄皮果。

预防时一是要延长蔬菜的见光时间;二是平衡蔬菜施肥,增施磷钾肥;三是壮根养根,增强植株抗性,叶面喷施瑞培乐(内含硼、钙、镁、铁、锌),增加微量元素的吸收量,促使各元素的吸收平衡;四是叶面喷施天赐宝(黄腐酸盐)、番茄宝(内含稀土)等叶面肥;五是平衡植株坐果数量,不能过多或者坐果结位过低;六是控制点花激素浓度,不能过高,点花药点花后,及时追施菜乐乐冲施肥。

(9)番茄日灼

症状:番茄果实受强烈日光照射后,初期果皮呈苍白色革质状,后期果呈黄白色至褐色相间的斑块,果实向阳部干缩、变硬、凹陷,表面呈漂白色,果肉变褐。后期病部常被病菌寄生,腐烂,表面有褐色霉层。

形成的原因:果实生长发育后期,遇高温、干旱或强烈照射,靠近塑料膜处温度高时,果实表面水分消耗量大而形成灼伤。

防治措施:种植耐热品种。采用遮阳网或架蔓生蔬菜间作,遮阳降温,减少蒸腾。喷施1 500倍的瑞培硼,增强植株抗热能力。喷施瑞培钙1 500倍液,可增加果皮的厚度,也可达到抗日灼的目的。

(10)番茄坐果率低

发病原因：一是缺硼；二是天气原因，气温过高(高于 32 ℃)或过低；三是蘸花保果药剂使用不当。

预防：底施或追施硼锌肥(如美国硼砂集团优力硼锌，每亩 200 克)，同时开花前叶面喷施瑞培硼 1 500 倍液，每 7～10 天 1 次，连喷 3～4 次。蘸花保果药剂采用靓花，可以解决温度对坐果率的影响。

(二)虫害

(1)蚜虫、白粉虱、潜叶蝇　使用 30～40 目的防虫网，可控制多种害虫的危害。在棚室内设诱蚜板，每亩 30～40 块，当诱满蚜虫或白粉虱后，再涂 1 遍，一般 7～10 天涂 1 次。药剂防治，用 1.8%爱福丁乳油、艾美乐、扑虱灵、金好年等喷雾防治。

(2)茶黄螨　6 月初到 9 月底，主要集中在幼嫩部分刺吸为害，由于虫体较小，肉眼很难识别，药剂防治在初花期开始打药，每 10 天 1 次连续防治 3～4 次，可选用 73%克螨特乳油 2 000 倍液，53%奥美特 1 000 倍液，螨危 4 000 倍液等喷雾防治。

(3)棉铃虫　用美除 1 500 倍液，或用敌杀死乳油 1 000 倍液于清晨喷雾。

(4)地下害虫　番茄定植时用敌百虫拌杀菌土、毒饵或毒液施于垄沟内。

(5)根结线虫病　定植前，采用高温闷棚的方法闷棚 3～4 天；定植时，穴施益舒宝颗粒剂，每亩 3 千克。

(三)对药剂防治的四点要求

①喷雾器使用前要仔细检查，喷出的雾要细而均匀，喷过除草剂的喷雾器一定要用清水多次冲洗，干净后方可使用。

②兑药时要严格按剂量要求使用，先在喷雾器加一少半的水，然后加药，再将水加到标准线，充分摇匀，再喷雾。

③喷雾要求均匀周到，叶正面、背面、茎部都要喷到，才能取得好的预防和治疗效果。

④铜制剂如可杀得、络氨铜、DT 杀菌剂要单独使用。如经常使用建议用可杀得进行预防。

五、采收

番茄果实的采收应把握“稍早勿晚”原则，在果实进入转色期即果实顶部变为橙黄色后进行采收。采收不及时容易造成大量烂果、裂果，并影响植株的持续坐果率。具体操作为：采收后直接上市的可以选择在果实成熟期着色较好时采摘；隔天上市的可在变色期采摘;如若需长途运输,可根据贮运时间,在果实白熟期喷施1 000毫克/千克的乙烯利催熟,然后采摘。

第三节　设施西葫芦越冬栽培技术

西葫芦是葫芦科南瓜属中的一个栽培种,为一年生矮性或蔓性草本植物。别名:美洲南瓜。俗称:蔓瓜、白瓜、香瓜等。原产北美洲南部。人类早在公元前4 000多年以前就开始栽培,7世纪传入北美洲,16世纪传入欧洲和亚洲。清代在西北诸省已有栽培,最早记载见于康熙年间(1662—1722年)修撰的陕西、山西等省的地方志。现在世界各地均有种植。西葫芦的果实中含有较多的抗坏血酸和葡萄糖,特别是钙的含量高,每100克可食用部分中含钙约229毫克。西葫芦的嫩果和成熟果可供食用,炒食或做馅。其种子含油量达35%以上,宜加工成干香食品。西葫芦中的搅瓜,果肉呈粉丝状,可作凉拌菜或做汤。西葫芦除可作蔬菜食用外,有些品种还可做观赏用。在瓜类蔬菜作物中,西葫芦的适应性最强,对环境条件要求不高,很多早熟品种生长速度快,结果早,它已成为中国北方露地早熟栽培和保护地栽培中上市最早的果类蔬菜之一。在保护地栽培中,西葫芦的种植面积仅次于黄瓜。西葫芦的成熟果易于运输和贮藏。通过多种栽培方式和调节运输、贮藏,西葫芦可达到周年供应市场的要求。

一、品种选择

选用抗病、高产、耐低温的西葫芦品种,如京葫系列等。

二、育苗

1. 育苗时间

10月上旬到11月上旬播种,12月中旬到次年1月上旬开始收获,采收期可达200天,生产旺季正值元旦、春节需求高峰。

2. 育苗方法

选用营养钵育苗或营养土块育苗方法。

3. 营养土的配制

选前茬没有种过瓜类作物的菜园土和充分腐熟的农家肥或市场上售卖的有机肥按5∶1的比例混合均匀后过筛,每立方米营养土加入80～100克的杀菌剂和60～80克的杀虫剂。杀菌剂如地菌净、百菌清等,杀虫剂如敌百虫等能做到养分全面，彻底杀虫灭菌。

4. 装营养钵

将配制好的营养土装入10厘米×10厘米的营养钵中，灌足底水待播。

5. 播种

将种子平放于穴内，盖1.5～2厘米的营养土，覆土后盖地膜，保湿提温。

6. 播后管理

出苗前应保持较高的温度，昼温保持在20～25 ℃，夜温15～18 ℃，待种子有出土迹象时将膜去掉，加盖60目的防虫网防蚜虫、白粉虱、斑潜蝇等。出苗后将温度控制在18～22 ℃，育苗期一般不浇水，若底水不足或苗土沙化严重出现干旱时，应用喷壶喷水，不可大水漫灌。子叶展开时对苗床喷施普力克加春雷霉素，防治猝倒，立枯病，苗期需要15～20天。当苗长至两叶一心时即可定植，定植前喷一遍阿克泰加病毒A，防治蚜虫、飞虱等及病毒病发生。

三、整地

1. 定植前准备

一般按每亩施腐熟有机肥2 000千克、饼肥75千克、复合肥40千克、草木灰80千克，将肥料均匀撒于地面，深翻30厘米，整平地面，大水灌地，高温闷棚10天，待棚土稍干时再次旋耕、耙细、整平地面。

2. 做垄

做垄要求大行90～100厘米，小行70～80厘米，垄高20厘米左右，垄背与垄沟必须南北水平，便于以后灌水。

3. 定植

选择晴天上午进行，定植采用三角形插空定植法，按每亩1 000～1 400株的密度定植，株距60～70厘米，穴内要浇透3 000倍的绿亨一号，防止后期烂秧或烂根。定植时坐水栽苗，将苗摆放于穴内，盖土深度与苗坨齐平，盖土时不要用手按压苗坨。整棚定植完后，灌足定植水，灌水时大小行全浇，水不能淹到秧苗。

4. 定植后至结瓜前的管理

(1)温度　缓苗阶段温度为白天24～26 ℃，夜间18～20 ℃，缓苗后要降低棚温控制在18～20 ℃，夜间8～10 ℃，适当低温蹲苗，防止徒长。

(2)水分　在底水灌足的情况下，根瓜采收前一般不要浇水，若干旱，在垄沟内膜下溜一小水，棚南见水即可。

(3)划锄　定植水浇过后，能划锄时尽量早划锄，要求松土1～2遍，第一遍应浅，秧苗茎基部也要轻轻地划起，第二遍应深，深度为3～5厘米，划土的同时往垄上培土,重新修整垄面,便于后期浇水。

(4)覆膜　结合中耕,进行床面铺膜,选用 0.08 毫米的白色地膜,减少水分蒸发,降低棚内温度。

(5)调节植株长势　从定植后到根瓜坐住前,在通风透光控水等物理方法控制不住时,出现徒长,可用控制素进行调控,如多效唑,根据植株长势一般每次每亩用量 1～2 克,围绕生长点对叶片喷雾,几天后若发现控制不住时,可再喷一次。多效唑使用一次不可过量。

(6)去根瓜　根据植株长势去根瓜,若植株长势旺盛,根瓜瓜条顺直时,可留,但应适当早摘,若植株长势弱,根瓜要及时早摘掉。

5. 结瓜后的管理

(1)温度　结瓜后温度应保持白天 22～25 ℃,夜晚 8～14 ℃。

(2)水肥　第一批瓜采收完后,膜下灌水冲肥,每亩施 20 千克的腐殖酸或生物肥料,以有机肥为主,适当使用化肥,返春后(3 月上中旬)冲肥以磷、钾为主,每次每亩施入 15～20 千克。

(3)光照与通风管理　在不影响温度的情况下,草苫要尽量早拉晚放,前期必须加大通风,以降低温度。低温或阴天时,要间断放风,起补充二氧化碳和降低棚内湿度的作用,减少灰霉病、菌核病的发生。

(4)立体吊蔓　这种栽培模式是调节长势,增加生长空间,合理利用光能,增产增效的一种新的栽培措施。吊蔓前应及时拉好铁丝,在温室后柱上 1.8 米高处东西向绑一根 8 号铁丝,南北向中间位置 1.8 米高处同样由东向西拉一根 8 号铁丝(铁丝要用紧线机拉紧、拉直,分别穿过两侧土墙并固定在地锚),在每一行瓜苗上方,南北方向拉一道 16～18 号铁丝,一端系在北边立柱铁丝上,中间放在 8 号铁丝上方,以防铁丝下坠,南端系在前沿高 1.2 米左右处的大棚 8 号铁丝上。每株瓜苗基部系一根吊绳,上端系在南北向的铁丝上,也可以将下端系在一根短木棒上,插在离瓜苗 5 厘米以外的地下,当植株封垄时即可用绳缠住瓜蔓,以后每 3 天缠蔓一次。缠蔓时要把瓜蔓压弯,压的程度视瓜蔓长势而定,长势强、瓜蔓高的要弯得大一些;长势弱、瓜蔓矮的弯小一些,甚至不需要压弯,以调节生长的快慢,保持生长整齐一致,便于管理,不致相互遮光。每次盘蔓后,都应该把瓜蔓控制得高低一致。

(5)疏瓜　根据植株长势确定留瓜的数量,长势旺盛或环境良好时,可留 3～4 条瓜,植株特别旺盛时应适当晚摘。长势弱或严冬时植株可留 1～2 条瓜,植株特别弱或出现花打顶时要适时早摘。

(6)去叶　去老叶应在春节后进行,掌握在晴天上午去,下午或阴天不要去,每次去叶最好不要超过 4 片,去叶要从茎秆处连同叶柄一起去掉,去叶要用手,不要用刀、剪等物。去掉的叶及时带出棚外，并在伤口处涂抹春雷霉素、溃疡宁、铜制剂等。以防伤口感染病菌引起烂秧。去叶后加大通风排湿，使伤口早愈合。

(7)恶劣天气的管理 连阴天骤然转晴，植株出现萎蔫时，要及时对植株喷温水，最好在水中加入糖、牛奶、豆浆等，补充碳水化合物。大风天气，及时关闭风口，棚膜松时及时放草苫，下雪天气压棚膜，一次性降雪量过大时，及时清除积雪，开苫见光。

(8)人工辅助授粉 抹瓜应在晴天露水干后进行，全天均可，阴天不宜抹瓜。花瓣由绿变黄，微微张开时为最佳抹花时间，用毛笔一瓜一蘸，顺瓜条全身抹，大瓜头抹小头，弯头瓜抹弯面，注意要从把端往花的方向抹，以防 2,4-D 流到秧上引起药害。

(9)采收 在晴天上午，及时采收，宜采 300～400 克的瓜，不宜采大瓜，亩产量达 15 000 千克。

四、生产中出现的问题

1. 烂秧的问题(分为两种)

(1)第一种

①症状 植株基部距离地面 10 厘米左右受害，髓组织溃烂，湿度大时，溃烂处流出灰褐色的水浸状黏稠物并有恶臭味，农户称为烂秧。

②病原 该病由胡萝卜欧式杆菌软腐亚种细菌侵入植株伤口后，繁殖分泌果胶酶溶解中胶层，导致细胞崩裂。细胞质水外溢引起腐烂。

③传播 病菌借土壤、雨水、灌溉水及昆虫传播，侵入植株伤口，在高温高湿条件下，经 15～20 天的侵染繁殖过程，引起烂秧。

④伤口 植株缺硼少钙，养分失衡，引起茎裂。生长中后期茎秆失去弹性，自然裂口。吊秧、疏瓜、去叶、打药等棚室作业给植株造成的人为伤口，以及害虫叮咬造成的伤口。

⑤防治 轮作换茬，宜与茄科类、豆类、葱蒜类轮作。采用高垄覆膜、膜下灌溉栽培方式。定植后及时划锄松土，并用 80%乙蒜素 6 000 倍液灌根。在拧瓜、去叶、疏瓜等给茎秆留下新的伤口后，需立即用福美双等杀菌剂涂抹伤口处。发病初期(多为 3 月中下旬)，建议每 3～5 天交替使用下列药液朝茎秆上喷雾防治。77%多宁可湿性粉剂 500 倍液、45%毕菌手 600 倍液、20%安康 400 倍液。若烂秧较重时，可用竹片将腐烂部剐掉，用春雷霉素液清洗后涂上溃疡宁药面。

(2)第二种

①症状 茎基部与地面接触处，髓组织腐烂，严重时腐烂部呈朽木状并伴有白

色晶体,无臭味。

②病源　该病由土壤中的酸根离子和盐离子通过表皮伤口渗透到植物体内造成的生理性烂秧。

③传播　土壤中的酸根离子和盐离子主要是通过浇水从伤口渗透到植物体内进行传播。

④伤口　高脚苗、徒长、控秧过度、前期带瓜太多造成植株早衰,因此引起自然裂口;栽苗、划锄、吊秧等人为的机械操作造成的伤口,以及害虫叮咬造成的伤口;施肥不当、土壤盐渍化、土壤板结、地温过高造成的对幼茎的灼烧引起的伤口。

⑤防治　高温闷棚,整地前大水淹地,降解土壤盐分。基肥中多施秸秆肥或采用挖丰产沟施肥法。采取高垄定植膜下灌水的种植方式,严防浇水时明水淹苗。定植后及时划锄松土,防止土壤板结。合理密植,培养壮苗。及时疏瓜,做到均衡协调带瓜,防止阶段性节瓜。控制徒长,严防一次性控秧过度。适时去老叶,加强通风透光,降低棚内湿度。定植后7天用绿亨一号灌根,一星期后再用福美双或甲基托布津灌一次根,防止土壤中的真菌传染。

2. 花打顶的问题

①症状　生长点附近的节间缩短,没有心叶,出现雌花抱头,俗称花打顶。

②病因　植株长势弱或控秧过度,营养生长受到抑制而生殖生长过快,出现花打顶。棚内高温干旱,尤其是土壤干旱时,由于肥料过多、水分不足而导致烧根,或者土壤过湿,但气温偏低,造成沤根,出现花打顶。土壤条件不适,根系活动弱,吸肥困难,导致生理缺肥,出现花打顶。

③防治　合理调控温度,防止过低或过高。及时松土,提高地温。合理施肥,多施腐熟的有机肥,冬前冲肥以腐殖酸或生物肥料为主,尽量不施化肥。适时适量浇水,避免大水漫灌影响地温,造成沤根。出现花打顶时适量摘除雌花,补施叶面肥,提高温度,早采瓜。

3. 银叶病的问题

①症状　植株长势弱,株型偏矮,叶片下垂,生长点叶片皱缩,呈半停滞状态,茎部上端节间短缩,茎及幼叶和功能叶叶柄褪绿,叶片叶绿素含量低,严重阻碍光合作用。叶片初期表现为沿叶脉变为银色或亮白色,以后全叶变为绿色,在阳光照耀下闪闪发光,但叶背面正常,常见有粉虱的成虫或若虫,3～4片叶为敏感期。幼瓜、瓜码及花器柄部,花萼变白,瓜也变白色,丧失商品价值。

②病因　受烟粉虱B型引起危害。

③防治　适当晚播,降低温度。用吡虫啉、锐劲特、阿维菌素、高效灭百可、除尽等+爱多收或低聚糖素等防治。

4. 徒长的问题

①症状 徒长分为两个阶段:第一阶段是定植后至根瓜坐住前,此期由于植株没有负担,且温度较高,在肥水充足的条件下极易徒长;第二阶段是返春后(3月上中旬)由于植株刚刚度过严寒,正处于恢复阶段,植株本身带瓜又少,气温回升比较快,容易出现徒长。

②防治 前期必须加大通风降温,使温度控制在18～20 ℃,肥水上注意底肥不要用速效氮肥,应多施腐熟的有机肥或秸秆类的肥料,根瓜坐住前不旱不浇水,出现干旱时可膜下溜一小水,不可大水漫灌。定植缓苗后及时中耕松土,促根壮秧。草帘要早揭晚盖,加强光照时间。后期掌握多留瓜、适量采大瓜,以瓜拽秧的方式来控制徒长。使用药剂防治,在物理方式控制不住时可用控制素控制,如多效唑,每亩用量1～2克对老叶喷雾,注意多效唑一次性使用不能过量。

5. 其他常见病虫害防治

①主要虫害防治 应在物理防治的基础上进行化学防治,温室内悬挂诱杀虫板。蚜虫用2.5%溴氰菊酯乳油1 000～1 500倍液喷雾,喷洒时应注意叶背面均匀喷洒;白粉虱、烟粉虱用25%阿克泰水分颗粒剂3 000～5 000倍液喷雾;美洲斑潜蝇掌握在幼虫2龄前,用1.8%阿菌素乳油3 000倍液喷雾。

②主要病害防治 病害应以预防为主,控制温、湿度,控制杀灭传播害虫,结合应用化学药剂进行综合防治。在发病初期及时防治,打除病残叶,严重的整株拔除,并带出田外销毁。霜霉病用72.2%普力克水剂800倍液,或72%克露可湿性粉剂800倍液,或69%安克锰锌可湿性粉剂500～1 000倍液,或72%克抗灵可湿性粉剂800倍液喷雾;灰霉病50%速克灵可湿性粉剂1 000～2 000倍液,或70%甲基托布津可湿性粉剂800倍液喷雾;白粉病用40%多硫悬浮剂800倍液,或75%百菌清800倍液等喷雾;病毒病用5%菌毒清水剂400倍液,或0.5%抗毒剂1号水剂300倍液或20%病毒A可湿性粉剂400～500倍液喷雾。

第四章　露地蔬菜栽培

第一节　大白菜栽培技术

大白菜又称结球白菜、包心白菜、黄芽白、胶菜等。原分布于中国华北，中国各地广泛栽培，比较耐寒，喜好冷凉气候，不适于栽植在排水不良的黏性土地上，是十字花科芸薹属叶用蔬菜。大白菜含丰富的维生素、膳食纤维和抗氧化物质，能促进肠道蠕动，帮助消化。而且，大白菜的维生素 C 含量高于苹果和梨，与柑橘类居于同一水平，而且热量还要低得多。清代《本草纲目拾遗》记载说："白菜汁，甘温无毒，利肠胃，除胸烦，解酒渴，利大小便，和中止嗽"，并说"冬汁尤佳"。白菜还是减肥蔬菜，因为白菜本身所含热量极少，不至于引起热量储存。白菜中含钠也很少，不会使机体保存多余水分，可以减轻心脏负担。中老年人和肥胖者多吃大白菜还可以减肥。

一、前期准备与育苗

(一)选择适宜品种

春、夏茬白菜较适宜的品种有春鸣、春奇、春黄、高冷地、高寒地、春夏王等耐抽薹早熟品种；夏、秋茬品种可使用秋绿、北京新三号、津绿 55、良庆等早熟或中早熟品种。

(二)确定育苗时间

春、夏茬育苗，坝上地区 4 月末至 5 月初，接坝地区 4 月中上旬，坝下地区 4 月上旬。坝下夏秋菜育苗时间 6 月下旬至 7 月中旬，或 7 月下旬直播。育苗播种应根据节气和市场预测合理制定种植计划，推荐根据育苗播种时间以每 5～10 天为一次进行排开播种，分批定植。

(三)育苗

1. 育苗方式

①育苗多以采用塑料中小拱棚自育苗为主。早春育苗温度比较低的时候应加盖草帘或棉被保温;夏、秋高温育苗应注意调节遮阳设备,通风降温。

②大规模基地种植,使用工厂化育成苗。

2. 育苗基质配制方法

①育苗选择没有种植过十字花科蔬菜且土质肥沃、疏松的田园土或稻田土,打碎过筛。充分腐熟的农家肥(土杂粪或牛、马圈粪),打碎过筛,将过筛土与充分腐熟的农家肥按 2∶1 比例均匀混合,在混合的肥土中添加草木灰 3.5 千克/米^3 和磷酸二铵 1 千克/米^3;或就地取材,按照山皮土 7.5 份、农家肥 2 份、复合肥 0.5 份(N∶P∶K=15∶15∶15)的比例配置育苗基质。

②穴盘育苗选用 Q50、Q72 育苗穴盘(540 毫米×280 毫米),基质配比为草炭土∶蛭石=1∶1,每立方米加碾碎复合肥 0.5～1 千克。上述基质配好后用 80%代森锰锌可湿性粉剂 800 倍或硫酸铜 1 000 倍液进行消毒。

3. 播种方法

(1)单位点播　先把营养土平填入苗床内浇底水,按 10 厘米×10 厘米切方格,每个方格中央播 1～2 粒种子。随播种使用种子高度三倍厚的基质盖严种子。

(2)平面撒播　苗床方格育苗可采用撒播法,在天气晴朗的上午进行播种,用种量为 4～5 克/米^2。播种前育苗床要浇足底水,春、夏茬口育苗的,要提前 2～4 天浇底水,便于恢复地温。播种前往床面喷一些温水,使种子播在湿土上,如床面过湿则要在床面先撒一层过筛细土再播种。播后盖种子高度三倍厚的细土。

(四)苗床管理

大白菜种子经历 13 ℃以下低温,容易通过春化,所以在晚春初夏育苗气温低时要注意保温,苗床温度不得低于 13 ℃。超过 25 ℃时,种子虽然发芽速度快,但是幼芽细弱,生长不良,且容易引起病毒病。夏末秋初育苗时要注意遮阳、放风,进行温度控制,苗床温度不得高于 25 ℃。

1. 播种至出苗

播种至出苗要求有充足的水分、较高的床温、良好的通风。此阶段重点是温度管理,苗床的温度以 20～25 ℃为宜。

2. 从子叶微展至第一片真叶显露

此时管理的重点是要适当降低苗床温度,以 13～20 ℃为宜。为了防止出现高脚苗,此时要进行第一次低温锻炼,控制下胚轴因高温引起徒长。同时也要避免苗床低温、寡照、高湿引起苗期病害。

3. 从破心至3～4片真叶展开

此时温度要控制在13～22 ℃,同时应给予较强的光照强度和较长的光照时间。出苗后要及时查苗补苗。此期间应该间苗2次,拉十字时进行第一次间苗,拔出弱小拥挤的幼苗,苗床播种的株距保持4～6厘米。第二次间苗在拉十字后一周,有2～3叶时选留苗叶正常且旺盛的幼苗,苗床播种应保持株距8～10厘米,并进行中耕,此期间叶面喷施碧护15 000倍液1次,预防低温冻害,或高温徒长,促进生根,强壮幼苗。每次间苗后浇小水护根。

4. 成苗

从分苗至定植前是苗期管理的重点阶段,此时需要适宜的温度(13～25 ℃)、充足的光照和良好的营养条件。

5. 移栽前的锻炼

苗床在定植前7～10天应逐渐降低温度,增加通风量,到定植前3～4天使育苗床温度接近栽培地的温度。

二、整地与定植

1. 机械整地

由于大白菜的根系主要分布在地下30厘米左右,因此应保证此范围内土壤的疏松度,利于大白菜根系生长。菜区土壤相对黏重,一般在前一年秋旋耕30厘米,反复1～2次即可,在次年定植前再次旋耕30厘米,根据土壤情况反复2～3次即可。

2. 足施底肥

施肥应根据土壤肥力适度调整底肥用量。大白菜生长期长、产量大、需肥多,因此结合整地应施入大量有机肥料,一般定植前施用完全腐熟的农家肥3 000～5 000千克/亩或生物有机肥2 000千克/亩,熟石灰34～44千克/亩,底化肥选用养分完全的高浓度三元复合肥(15-15-15)28～48千克/亩。有机肥、熟石灰要均匀撒施畦面,化肥可撒施或随多功能铺膜机一并施入。

3. 起高畦、除草、覆膜一体操作

施完底肥采用起高畦、除草、施肥、覆膜多功能机械做畦,设定畦面宽65～70厘米,沟宽35～30厘米,畦高10～15厘米,每亩用氟乐灵除草剂100～150克兑水50～60千克和硼肥(农用硼砂)600～1000克兑水350千克均匀地喷洒在床面上,随设备下翻入土。高海拔地区风大,机械覆膜时要保证地膜拉紧压实,每隔一段距离在膜上压一小土埂，以防大风揭膜。

4. 人工定植

(1)定植标准　苗龄 30 天左右，根系发育好，株高 8～12 厘米，颜色浓绿，无病斑无虫害，容器育苗移栽的苗龄不宜过大，幼苗 4～6 片叶为移栽适期。坝下地区复种夏秋茬四叶一心即可定植，此外还可以进行干籽直播。

(2)合理密植　在地膜床面上按行距 50～60 厘米，株距 40 厘米开穴，一畦两行，品字形栽苗，每亩定植 2 800～3 500 株，夏秋季定植采用较小密度。

(3)移栽方法　大白菜定植应在气温稳定在 13 ℃以上，足苗龄，才可移栽定植。营养杯、穴盘育苗定植的前一天应适度浇水，土壤见湿见干，便于与容器分离。定植时要坐水栽苗，栽植深度以根部土块表面与畦面相平为度。栽后随即用土封穴，注意封严地膜定植孔。

(4)定植管理　定植后立即浇小水护苗，随即叶面喷施碧护一次(3～5 克/亩)促进缓苗，同时春、夏茬可预防低温冻害，夏、秋茬可预防高温不长。

三、田间管理

(一)温度管理

坝上及周边高海拔地区春末夏初气温低，因此春、夏茬苗床温度掌握在夜温不低于 13 ℃为宜。露地直播应根据气象信息确定播种日期，要求旬均温度不低于 13 ℃。定植后要尽量避开 13 ℃以下的低温，以防抽薹。秋季气候冷凉，温度适合大白菜结球期生长，同时适宜复种二茬大白菜。如出现极端高温或高温天气可叶面喷施碧护一次(3～5 克/亩)，以利于作物保护。

(二)浇水与追肥

1. 浇水

浇水按各地方条件选择相应节水灌溉方法。底墒水多采用漫灌或喷灌，整地后有条件的地区多采用膜下滴灌、喷灌，条件不完善地区多采用膜下沟灌。莲座期在管理上要充分供给莲座叶生长所需的养分和水分，根据天气情况每 5～7 天浇水一次，但此期不宜过多浇水，保持土壤见湿见干，要加强中耕，促进根系生长。结球前期是产量形成阶段，作物需要大量养分和水分，此阶段应加强水、肥管理。结球后应适当降低浇水频次。

2. 施肥

由于春、夏茬白菜多使用早熟品种，其生长期较短，在保水、保肥较好的地块上，在足施底肥的基础上，铺膜种植基本上无须进行多次追肥，如后续肥力不足，可在结球前期随水追施尿素15千克/亩加硫酸钾复合肥20千克/亩。而在种植中早熟、中熟品种或土壤有机质含量低、水肥渗漏严重或无地膜覆盖的地区,为了保证目标产量可采用分次追肥,即缓苗后追施一次发棵肥,随水或棵间点施尿素10千克/亩。结球开始的前几天,追施尿素15千克/亩加硫酸钾复合肥20千克/亩。结球后15天左右追施尿素7.5千克/亩。

3. 灌溉

大白菜灌溉用水量约为300米^3,使用喷灌设备较漫灌可节水约30%,使用滴灌设备较漫灌可节水约40%,而且使用滴灌设备可添加水肥一体化组件,可减少追肥用工量。

(三)常见病、虫害及防治措施

高海拔地区气候冷凉,紫外线强度大,病虫害发生相对平原地区较少,春夏茬强调"虫病害"防治,夏、秋茬强调"病虫害"防治,优先使用农业方法、物理方法进行预防,加强病虫预测。

1. 农业措施

培养良好的劳作习惯,虫害防治应在春、秋季进行深翻整地,冻、晒虫卵及虫体,随犁灭虫,降低虫口密度。病害防治从选用抗病品种入手,做好种子消毒或选用包衣种子。有机肥充分腐熟,采用高畦栽培,防止田间积水。发病后及时清除病残体,病穴用生石灰消毒,同时要加强中耕,及时清洁田园,进行农事操作时,尽量注意减少人为损伤。

2. 物理措施

一是利用性诱剂诱杀小菜蛾、斜纹夜蛾、甜菜夜蛾等害虫,性诱剂每亩3~5套;二是利用黄板诱杀有翅蚜,黄板每亩用量20~30张(20厘米×25厘米);三是利用糖醋液(糖:醋:酒:水:90%敌百虫晶体按3:3:1:10:0.5的比例配成溶液)诱杀种蝇、地老虎等部分主要地下害虫,糖醋液每亩设定4~6个点;四是在面积较大且集中的大规模生产基地,设置频振式杀虫灯诱杀大部分鳞翅目、鞘翅目有害成虫,每台灯控制面积30~60亩。

3. 药剂措施

(1)病害防治

①防治软腐病　白菜柔软组织被侵染后呈水渍状半透明,并有恶臭,病组织变成黏滑的糊状物,外叶常萎蔫露出叶球。该病能危害几十种蔬菜,能在田间连续不断传播和侵染。田间操作时要尽量避免碰伤植株。发现中心病株要连根挖出深埋。拔后的株穴撒生石灰后覆土踏实。推荐使用78%硝基腐殖酸铜可湿性粉剂

(万家)600 倍液或 77%氢氧化铜可湿性粉剂(可杀得)500 倍液喷淋防治。在莲座期开始 7～10 天间隔喷 3 次预防效果最佳。

②防治霜霉病　霜霉病病斑呈多角形或不规则形,相应部位中背面有白色霜霉茸毛。推荐使用 70%丙森锌可湿性粉剂(安泰生)500 倍液发病前喷雾预防;40%三乙膦酸铝可湿性粉剂 150～200 倍液或 72.2%霜霉威水剂(普力克)800 倍液或 66.8%氟吡菌胺·霜霉威水剂(银法利)600 倍液或 66.8%缬霉威·丙森锌(霉多克)800 倍液或 50%烯酰吗啉可湿性粉剂(安克)800 倍液喷雾防治。

③防治黑斑病　白菜黑斑病显淡褐色至黑褐色,四周有晕圈,病斑上有黑色霉状物。推荐使用 70%丙森锌可湿性粉剂(安泰生)500 倍液或 25%嘧菌酯悬浮剂(阿米西达)3 000 倍液发病前喷雾预防;50%异菌脲可湿性粉剂(扑海因)1 500 倍液或 43%戊唑醇悬浮剂(好力克)3 000 倍液喷雾防治。

(2)虫害防治

①菜青虫防治　菜青虫是菜粉蝶(又名菜白蝶、白粉蝶)的幼虫,一年中以春夏季之交和秋季发生量最大,在少量发生时可进行人工捕捉,捕捉幼虫、蛹及成虫是很容易做到的,成虫可用网捕效果好。推荐使用 50%虱螨脲(美除)1 000 倍液或 15%茚虫威悬浮剂(安打)3 000～4 500 倍液或 2.5%溴氰菊酯乳油(敌杀死)1 500～2 000 倍液或 4.5%高效氯氰菊酯乳油 1 500～2 000 倍液或高氯·甲维盐乳油(杀蛾妙)2 000～3 000 倍液喷雾防治。

②小菜蛾防治　由于小菜蛾老龄幼虫抗药性很强,因此药剂防治应注意:田间发现小菜蛾成虫后 10 天,植株心叶出现一龄幼虫,虫体白色、细小。此时为防治最佳时期;田间发现小菜蛾成虫 15 天后,小菜蛾进入 2 龄期,此时为防治关键时期,用药浓度加大,且药液量增加,植株全株都要均匀喷洒药液;小菜蛾经过前两次用药基本能控制住,以后每 5～7 天用药一次;田间发现小菜蛾成虫 30 天后,小菜蛾进入二次发生高峰。应注意田间观察,及时用药。推荐使用 1.8%阿维菌素乳油 3 000 倍液或 80%氟虫腈水分散粒剂(锐劲特)15 000 倍液或 50%虱螨脲(美除)1 000 倍液或 5%氟啶脲乳油(抑太保)1 000 倍液喷雾防治。

③蚜虫防治　为避免蚜虫产生抗药性,同一种农药一般只能在同一个地方连用 2 次,轮换用药。应注意田间观察,及时发现,抓紧在发生高峰前及早防治。喷药要均匀润湿,连续 2～3 次,相隔 5～7 天。由于蚜虫喜欢碳水化合物,在栽培过程中要多用腐熟的农家肥,尽量少用化肥。推荐使用 50%抗蚜威可湿性粉剂(避蚜雾)2 000 倍液或 2.5%溴氰菊酯乳油(敌杀死)1 500 倍液喷雾防治。

④蝼蛄、蛴螬、金针虫、地老虎、种蝇等地下害虫的防治　播种或移栽前可采用

饵料法进行防治,使用50%辛硫磷乳油,每亩用40～50克,加水0.5～1千克,拌饵料(炒熟谷秕、谷糠或麦麸)5～7千克,混匀,播种或做床时均匀撒施。苗期可使用灌根法进行防治,使用50%辛硫磷乳油1 500倍液、98%敌百虫晶1 500～2 000倍液灌根,每穴200～300毫升,在种蝇幼虫初发期或地下害虫盛发期防治效果最佳。

⑤黄曲条跳甲、象甲、黑绒金龟甲防治　推荐使用2.5%联苯菊酯乳油3 000倍液喷雾、2.5%溴氰菊酯乳油1 500～2 000倍液喷雾;50%辛硫磷乳油1 000～1 500倍液、5%来福灵乳油2 000～3 000倍液、20%速灭杀丁乳油3 000～4 000倍液于成虫活动盛期喷施防治。

四、收获

结球达到80%～90%时进入收获期,每茬口平均每亩产量5 000～6 000千克,净菜率85%以上。收获前7～10天应停止浇水,且停止使用化学药剂。收获时可捏试白菜头部,结球度以稍微发软为最佳。成熟度过大,白菜易裂球,且如遇下雨天气易导致白菜腐烂,带来损失。因此,要掌握适时收获。

五、注意问题

(1)春、夏茬大白菜先期抽薹问题,应从以下三个方面防治:

①选用冬性强的抗抽薹品种。

②根据当地气候条件,严格掌握播期。

③苗期注意保持13 ℃以上的夜间温度,以防因低温引起花芽分化。

(2)重点防治小菜蛾,防治应在田间发现成虫后及时进行,宜早不宜迟。

(3)农药要交替使用,每种农药只能使用1～3次。

第二节　花椰菜栽培技术

花椰菜是十字花科芸薹属甘蓝种中以花球为产品的一个变种,一年或二年生草本植物。别名:花菜、菜花。由甘蓝演化而来,演化中心在地中海东部沿岸。据载,1490年热拉亚人将花椰菜从那凡德(Levant)或塞浦路斯引入意大利,在那不勒斯湾周围地区繁殖种子,17世纪传到德国、法国和英国,19世纪中叶花椰菜从欧洲和美国传入中国的南方,目前在中国各地菜区均有种植,尤以华南、西南各地栽培最为普遍。花椰菜的食用部分是花球。

一、培育壮苗

1. 育苗方式

根据栽培季节和方式,可在阳畦、塑料拱棚、日光温室、露地育苗。有条件的可采用电热温床、工厂化育苗。露地育苗应有防雨、防虫、遮阳等设施。

2. 品种选择

选用抗逆性强、适应性广、商品性好的品种。春季栽培选用荷兰春早、津雪88、日本雪山等品种;夏季栽培选用雪宝、雪岭1号等品种。秋季栽培选用日本雪山、瑞士雪球等品种。

3. 用种量

每亩用种50克。

4. 种子处理

以下两种方法任选其一。

①将种子放入50 ℃温水中浸种20分钟,并不停搅拌,然后在常温下继续浸种3～4小时。

②50%福美双可湿性粉剂拌种。

5. 催芽

将浸好的种子捞出洗净,稍加风干后用湿布包好,放在20～25 ℃的条件下催芽,每天用清水冲洗1次,60%种子萌芽时即可播种。

6. 育苗床准备

(1)床土配制　选近三年未种过十字花科蔬菜的肥沃园土与充分腐熟过筛圈粪按2∶1比例混合均匀,每立方米加氮∶磷∶钾为15∶15∶15三元复合肥1千克。将床土铺入苗床内,厚度10～12厘米。

(2)床土消毒　用25%甲霜灵可湿性粉剂与70%代森锰锌可湿性粉剂按9∶1混合,按每立方米用药8～10克与4～5千克过筛细土混合,播种时2/3铺于床面,1/3覆盖在种子上。

7. 播种

(1)播种期　早春塑料拱棚花椰菜1月下旬,露地春花椰菜1月下旬到2月上旬,露地秋花椰菜5月下旬到6月上旬,坝上地区或接坝地区可在4月下旬到5月上旬。秋延后花椰菜7月上中旬,日光温室花椰菜8月中旬至12月上旬。

(2)方法　浇足底水,水渗后,覆一层细土(或药土),将种子均匀撒播于床面,覆细土(药土)0.6～0.8厘米。

8. 苗期管理

(1)温度(表 4-1)

表 4-1　苗期温度管理　℃

时期	适宜日温	适宜夜温
播种至齐苗	20～25	15～18
齐苗至分苗	16～20	8～12
分苗至缓苗	18～22	12～15
缓苗至定植前 10 天	15～18	6～10
定植前 10 天至定植	5～8	4～6

(2)间苗　分苗前间苗 1～2 次,苗距 2～3 厘米,去掉病苗、弱苗及杂苗,间苗后覆土 1 次。

(3)分苗　幼苗三叶一心时分苗,按 10 厘米行株距在分苗床上开沟,坐水栽苗或直接分苗于 10 厘米×10 厘米的营养钵内。

(4)分苗后管理　缓苗后锄划 2～3 次,床土不旱不浇水,浇水宜浇小水或喷水,定植前 7 天浇透水,并进行低温炼苗。

露地夏、秋季育苗,气温太高可采取浇水、遮阳等方法降温。要防止床土过干,同时防暴雨冲刷苗床,及时排出苗床积水。分苗后要适当遮阳,有条件可扣 20～30 目尼龙纱网防虫。

9. 壮苗标准

植株健壮,株高 12 厘米,6～7 片叶,叶片肥厚,根系发达,无病虫害。

二、定植前准备

1. 前茬

前茬为非十字花科蔬菜。

2. 整地施肥

露地栽培采用平畦或高畦或地膜覆盖,保护地亦可采用半高畦地膜覆盖。

施肥品种以优质有机肥、常用化肥、复混肥等为主。在中等肥力条件下,结合整地每亩施优质有机肥(以优质腐熟猪厩肥为例)5 000 千克、氮肥(N)4 千克(折尿素 8.5 千克)、磷肥(P_2O_5)9 千克(折过磷酸钙 75 千克)、钾肥(K_2O)6 千克(折硫酸钾 12 千克)。

3. 棚室防虫消毒

(1)设防虫网阻虫 在棚室通风口用20～30目尼龙纱网密封,阻止蚜虫迁入。

(2)铺设银灰膜驱避蚜虫 覆银灰色地膜避蚜虫。

(3)棚室防虫杀菌 每亩用80%硫黄粉2千克加4.5%高效氯氰菊酯50克拌上锯末,分堆点燃,密封24小时,放风至无味后定植。

三、定植

(1)定植期 早春塑料拱棚4月上中旬,露地春茬3月下旬至4月中下旬,露地秋茬7月下旬至8月上旬,秋延后假植的8月中下旬。日光温室10月中旬至翌年2月中旬。坝上地区露地栽培5月下旬至6月上旬定植。

(2)方法 按行株距要求开沟或挖穴,坐水栽苗,也可培土后立即浇水。地膜覆盖的挖穴坐水栽苗。结合浇定植水时,可用磷酸二氢钾1 000倍液加保得生物液肥1 000倍灌根,促生根、保苗、苗均、苗壮。

(3)密度 早熟种2 700～4 000株/亩,行株距(50～60)厘米×(33～40)厘米;中晚熟种1 500～2 700株/亩,行株距(60～70)厘米×(40～60)厘米。

四、定植后管理

(1)生长前期(缓苗至莲座期) 定植后4～5天浇缓苗水,随后中耕结合培土2～3次。保持土壤见干见湿,浇2水后蹲苗。早、中熟种蹲苗7～10天,晚熟种10～12天。棚室适宜温度白天20～22 ℃,夜间10～12 ℃。通过加盖草苫,内设小拱棚等措施保温。

(2)生长中、后期(花球形成期) 浇水以保持土壤湿润为原则。当花球直径3～4厘米时结合浇水每亩追施氮肥3千克(折尿素6.5千克),中晚熟种可增加1次追肥。当花球直径8～10厘米时要束叶或折叶盖花,以保持花球洁白。棚室的适宜温度15～20 ℃。秋延后栽培要根据天气变化及时扣棚覆膜或进行假植贮藏。

五、病虫害防治

(一)物理防治

(1)黄板诱杀蚜虫、白粉虱、烟粉虱。用60厘米×40厘米长方形纸板,涂上黄漆,再涂上一层机油,挂在田间,每亩30～40块,当黄板粘满蚜虫、白粉虱等害虫时一般7～10天重涂1次。

(2)挂银灰色地膜条驱避蚜虫。

(3)利用黑光灯诱杀害虫

(二)药剂防治病害

保护地优先采用粉尘法、烟熏法，在干燥晴朗天气也可喷雾防治，注意轮换用药，合理混用。

(1)霜霉病

①在棚室内傍晚每亩用45%百菌清烟剂170～180克进行密闭烟熏。隔7天熏1次，连熏3～4次。

②发现中心病株后用40%三膦酸铝可湿性粉剂150～200倍液，或72.2%普力克水剂600～800倍液，或75%百菌清可湿性粉剂500倍液喷雾，交替、轮换使用，7～10天1次，连喷2～3次。

(2)黑斑病　发病初期用75%百菌清可湿性粉剂500～600倍液，或50%扑海因可湿性粉剂1 500倍液，7～10天1次，连喷2～3次。

(3)黑腐病　发病初期用14%络氨铜水剂600倍液，或77%可杀得可湿性粉剂1 500倍液，或72%农用硫酸链霉素可溶性粉剂4 000倍液，7～10天喷1次，连喷2～3次。

(4)灰霉病

①发病初期用10%速克灵烟剂每亩200～250克，或喷施6.5%甲霉灵超细粉尘剂或5%加瑞农粉尘剂每亩1千克。

②发病后用50%速克灵可湿性粉剂2 000倍液，或50%扑海因可湿性粉剂1 000～1 500倍液隔7～10天喷1次，连喷2～3次。

(5)黑胫病　发病初期用60%多福可湿性粉剂600倍液，或40%多硫悬浮剂500～600倍液，或70%百菌清可湿性粉剂600倍液喷雾，隔9天喷1次，防1～2次。

(6)细菌性黑斑病　用药方法见黑腐病。

(三)药剂防治害虫

(1)菜青虫

①卵孵化盛期选用Bt乳剂200倍液，或5%抑太保乳油2 500倍液喷雾。

②幼虫2龄前选用2.5%功夫乳油3 000～3 500倍液，或10%天王星乳油1 000倍液，或1.8%阿维菌素3 000倍液喷雾。

③用青虫菌或颗粒体病毒兑水500倍生物防治。

(2)小菜蛾　卵孵化盛期用5%锐劲特悬浮剂每亩17～34毫升，加水50～75升，或5%抑太保乳油2 000倍液，或幼虫2龄前用1.8%阿维菌素乳油3 000倍液，或Bt乳剂200倍液喷雾。以上药剂要轮换、交替使用，切忌单一类农药常年连续使用。

(3)蚜虫　用1.8%阿维菌素3 000倍液，或10%吡虫啉可湿性粉剂1 500倍液，6～7天喷1次，连喷2～3次。用药时可加入适量展着剂。

(4)甜菜夜蛾　卵孵化盛期用5%抑太保乳油2 500～3 000倍液，或1.8%阿维菌素3 000倍液，或幼虫3龄前用52.25%农地乐乳油1 000倍液喷雾，晴天傍晚用药，阴天可全天用药。

六、采收

花球充分长大紧实，表面平整，基部花枝略有松散时采收为宜，也可根据市场需求及时采收。

第三节　胡萝卜栽培技术

胡萝卜是伞形科，胡萝卜属，野胡萝卜种胡萝卜变种中能形成肥大肉质根的二年生草本植物。别名：红萝卜、黄萝卜、丁香萝卜、药性萝卜等。胡萝卜的起源，多数学者认为是起源于亚洲西部，阿富汗为紫色胡萝卜最早演化中心，其栽培历史已2000年以上。也有人认为，胡萝卜的原产地还有非洲、南北美洲。原产于亚洲西部的胡萝卜，10世纪从伊朗传入欧洲大陆，驯化发展成短圆锥橘黄色欧洲生态型。中国关于胡萝卜的记载始见于宋、元时期。元至顺(1330—1333年)《镇江志》说："胡萝卜，叶细如蒿，根少而小，微有荤气，故名。"李时珍《本草纲目》中记载，胡萝卜"元时(1280—1368年)始自胡地来"。另有资料说，胡萝卜于13世纪经由伊朗传入中国后，发展成为长根形中国生态型。胡萝卜在中国各地均有栽培，尤以宁夏、陕西、四川、山西、山东、河南、河北、浙江、江苏等省(自治区)栽培更多。胡萝卜含有丰富的多种胡萝卜素，每100克鲜重含1.67～12.10毫克，其含量高于番茄的5～7倍，在人体中可分解成维生素A。胡萝卜用途广泛，可以煮食代粮，可以生食当水果，也可作蔬菜烹饪和冷拌。在医学上有降低血压、强心、消炎、抗过敏等作用，对贫血、肠胃病、肺病等多种疾病有食疗作用。胡萝卜对儿童发育有特有的良好作用。胡萝卜还可作酱渍、腾渍、糖渍、泡菜，或加工成胡萝卜汁、胡萝卜酱、脱水胡萝卜、速冻胡萝卜等产品。

1. 品种选择

品种应选择抗病性、抗逆性强，商品性好的鲜食、加工兼用型的品种，如金冠、红映二号、早红90、千红100日、长城红玥等。

2. 确定播期

当10厘米地温稳定在4 ℃,气温稳定在7～8 ℃时即可播种,一般播种期在4月上中旬,应适时播种。

3. 整地施肥技术

(1)整地　前一年末茬收获后要及时清理田间杂物,旋耕翻地25～35厘米,有利于蓄水保墒。当年播种前,如果土壤墒情不好,应补水造墒,使用喷灌在播种前3～5天进行,漫灌在播种前10～20天进行,待土壤干松后用横轴式旋耕机细致松土25～35厘米,2～3遍。每隔2～3年进行一次土壤深松,为作物生长创造良好土壤环境。

(2)土壤改良　菜区连年种植,土壤环境恶劣,应进行土壤改良操作。增施有机肥是土壤改良的最根本措施,并在增施有机肥的基础上合理施用化肥。酸性较强、土质黏重、有机质含量较高的土壤,应适当增施石灰,一般每亩基施35～45千克,每隔2～3年进行一次;碱性强的土壤,每亩施用石膏15～25千克。

(3)施肥　胡萝卜需氮、钾肥较多,磷肥次之,吸收氮、磷、钾的比例约为2.5∶1∶4。每亩施用完全腐熟的优质农家肥3 500～5 500千克(施用前用2.5%溴氰菊酯乳油3 000倍液处理),加硫基三元复合肥(15-15-15)50～60千克,或磷酸二铵10～15千克加硫酸钾5.0～7.5千克。每亩加入硼砂1.0～1.5千克。将以上肥料混合均匀集中撒施在种植带上。

(4)地膜覆盖　选用宽度90～100厘米,厚度0.005～0.008毫米地膜,每亩用量约5千克。种植带用3%啶虫脒乳油1 000倍液进行土壤处理。随铺膜每亩喷施48%氟乐灵乳油200倍液除草。膜上每隔2.5～3.0米压一道土埂防止大风揭开地膜。

4. 机械播种技术

使用拖拉机牵引铺膜播种联动机械准备栽培垄,要求垄高20～25厘米,宽65～70厘米,每垄4行,行距10～15厘米,种植沟深8～10厘米,播种点距10～12厘米,每点落种2～3粒,覆土0.5～1.0厘米。

5. 田间关键技术

(1)温度　发芽期应注意随时修补破损的地膜,保证地膜封闭,确保膜下温湿度。待2～3片真叶时放风、间苗、清除压膜土埂,初放风时风口直径要求小于0.5厘米,风口位置要避开幼苗,密度不宜过大,防止闪苗。幼苗生长至4～5片真叶时,逐步调整放风口位置和大小,随定苗进行引苗,防止接触地膜高温烫苗。

(2)中耕　一般在每次间苗、定苗、水肥后,待土壤湿度适宜时进行中耕,打破地表毛细管结构,降低水分散失,促进根系生长。胡萝卜根系主要分布在10～20厘米土层,所以中耕不宜过深;在莲座末期封垄前进行中耕要注意培土至肉质根头部,避免肉质根顶部露出地面形成绿肩,操作中避免造成机械损伤。

(3)水分　在发芽期至幼苗期这一阶段适逢春末夏初,空气与土壤温度较低,在底水与苗水浇足的前提下,直到莲座期之前不需要再浇水,防止徒长。莲座初期肉质根开始膨大时应浇一次透水,促进叶片生长和肉质根纵向伸长,此后要适当控制浇水,在促进根部伸长的同时抑制侧根生长。待肉质根膨大期外界气温开始升高,应保证充足的水分供给,同时有利于降低土壤表层温度。

(4)追肥　在肉质根膨大期追肥 1～2 次。

6. 病虫害管理

优先使用农业措施进行预防,加强病虫预测,配合化学防治措施,各农药品种的使用要严格遵守安全间隔期。

(1)农业措施　合理布局,实行轮作倒茬,减轻地下害虫危害。春、秋季要深翻整地,冻晒虫卵及虫体,随犁灭虫,降低虫量。定植前应清除菜地的残株、老叶、杂草等,并集中烧毁。加强中耕除草,清洁田园,及时摘除被害叶片深埋,大量杀死蛹体,减少虫源。进行农事操作时,尽量注意减少对叶片的伤害。发现传病害虫时要及时防治等。

(2)虫害的化学管理　胡萝卜以蝼蛄、蛴螬、金针虫、地老虎等地下害虫防治为重,同时兼顾小菜蛾、菜青虫、甜菜夜蛾、蚜虫等害虫的防治,化学防治与通常使用药剂相同,注意生产中要选用高效、低毒、低残留类农药和生物杀虫剂,蔬菜收获前 15 天停止用药。蔬菜防治虫害重点推荐农药品种见表 4-2。

表 4-2　蔬菜防治虫害重点推荐农药品种

防治对象	农药名称
地下害虫	二嗪磷、辛硫磷
小菜蛾	苏云金杆菌、苦参碱、甲氨基阿维菌素苯甲酸盐
菜青虫	灭幼脲、藜芦碱、印楝素
甜菜夜蛾	茚虫威、虫螨腈、氟铃脲
蚜虫	鱼藤酮、噻虫嗪、吡蚜酮

(3)病害的化学管理　生产中常发生的病害主要有细菌性疫病、细菌性软腐病、真菌性黑腐病。药剂防治与通常使用药剂相同。蔬菜防治病害推荐农药品种见表 4-3。

表 4-3 蔬菜防治病害推荐农药品种

防治对象	农药名称
细菌性疫病	新植霉素、络氨铜、可杀得
细菌性软腐病	噻菌铜、硝基腐殖酸铜
真菌性黑腐病	丙森锌、百菌清、唑醚·代森联

7. 胡萝卜采收

当肉质根长到 17～18 厘米,尖部变得钝圆便可采收,采收的同时进行人工初步分拣。为进一步提高商品性,可在收后去缨、清洗去掉泥沙,精选分级。每亩产优质胡萝卜 3 000 千克以上,含脱水菜级胡萝卜约 500 千克。

第四节 马铃薯栽培技术

马铃薯,属茄科,一年生草本植物,块茎可供食用,又名洋芋、洋山芋、洋芋头、香山芋、洋番芋、山洋芋、阳芋、地蛋、土豆等(山西大同一带也称为山药),马铃薯是一种粮菜两用的蔬菜,具有抗衰老、降低胆固醇等作用,对人体健康有益。

一、脱毒种薯播前催芽晒种

1. 催芽

催芽至火柴头或绿豆粒大小即可。

(1)变温催芽 在 32～35 ℃条件下,控制在 4～5 小时以及在 15～18 ℃条件下控制在 20 小时,两种条件下交替变换 12～15 天。

(2)暖炕催芽 播前 20 天把种薯分层摆放在暖炕上,随时翻动,10～13 天可催出 0.3～0.4 厘米短状芽。

(3)土床薄膜催芽 在阳畦上挖长 5～7 米,宽 1.2～1.5 米,深 0.5 米芽床,底铺湿润半熟有机肥 5 厘米,铺地 2 厘米,在其上摆放种薯 1～2 层,覆土 5 厘米后用竹片架成离床面 1.2 米高“弓”形架,然后覆膜成小拱棚。10～12 天即可催出绿豆粒大小状芽。

(4)药剂催芽 赤霉素 10～15 ppm,浸泡 20～30 分钟,或 ABT5 生根粉 15 ppm,浸泡 2 小时,或 R.S(氯乙醇、二氯乙烷、四氯化碳 7∶3∶1 体积比混配)熏蒸 48 小时左右。

2. 晒种

选有散射光的防冻背风向阳处，将催好芽的薯块均匀摊开，随时翻动，使皮色深绿，芽色紫绿，牙尖粗壮即芽周有幼嫩根群突起即可。

3. 切种

播前2～3天进行切种，切块重量50克为宜，每块留有1～2个芽眼，切面和每个薯块的个体差异越小越好。种薯过大时将多余薯肉切掉。切种过程中要多准备切刀，切到病薯时常用75%酒精浸泡切刀或用沸水加少许盐浸泡切刀8～10分钟，或用3%来苏尔、0.5%高锰酸钾溶液浸泡切刀5～10分钟进行消毒。

二、马铃薯膜下滴灌栽培技术

(1)选地与合理轮作　选择疏松、平坦、通透性好的轻质壤土或沙壤土地，土壤酸碱度在pH 5.6～7.8范围内。

(2)整地　深耕30厘米左右，旱地要随耕耙耱、精细整地。

(3)集中施肥　基肥要结合秋耕整地施入优质有机肥，基肥充足时，将1/2或2/3的有机肥结合秋耕施入耕作层，其余部分播种时沟施。基肥用量少时，集中施入播种沟内，每亩2 000～4 000千克。用化肥做种肥，以氮、磷、钾配合施用效果最好，一般每亩用尿素5～10千克，过磷酸钙30～45千克，硫酸钾25～30千克。

(4)种薯处理　种薯在播前15～20天出窖进行严格挑选。

(5)晒种摧芽　将精选好的种薯摊放在温暖向阳的室内，温度保持在15 ℃左右，每隔3～5天翻动一次，一般10天左右待芽萌发后再精选一次。

(6)切种　播前2～3天进行，切块大小50克为宜，每个切块至少带1～2个芽眼。

(7)适时播种　土壤深度10厘米，地温稳定在7～8 ℃，先覆膜后打孔。

(8)增加种植密度　每亩种植密度为3 000～3 500株，大行距75～80厘米，小行距30厘米。

(9)播种深度　平做土壤墒情好的可浅一些，播种深度为5厘米左右，墒情不好的为8～10厘米。

(10)出苗前管理　播后常检查，发现地膜破损及时用湿土封住压实，及时进行膜间中耕除草。

(11)查苗、放苗　出苗间要关注出苗情况，锄尽垄背杂草，拔除垄眼杂草。

(12)中耕培土　在整个生育期进行2～3次中耕，第二次中耕可在苗高10厘米进行，第三次在现蕾期结合培土进行。结合中耕锄草，拔除感病植株，注意不要把土培到膜下毛管上，在浇水时中耕培土较好。

(13)适时浇水　栽培在肥沃土壤上的,每生产 1 千克耗水 97 千克,栽培在贫瘠沙质土壤上的,需耗水 172.3 千克。

(14)追肥　现蕾期结合灌溉每亩追施硫酸钾 10 千克,尿素 10 千克。块茎膨大期根据长势每亩可追施尿素 5 千克,现蕾期和开花初期喷施多元微肥 200 克/亩,开花盛期喷施磷钾动力。

(15)适时收获　当大田 70%的植株茎叶枯黄后,即马铃薯已正常成熟,应及时收获。收获前要先把毛管等回收并妥善保存。

三、马铃薯喷灌栽培技术

(1)选地　土层深厚、土壤疏松、质地为沙壤或壤土,有机质含量在 1.2 以上,土壤酸碱度在 pH 5.4～7.8 范围内。

(2)整地　在播种前 20 天开始耕地,土壤深耕 30～35 厘米。

(3)催芽　一般在播种前 10 天左右种薯出库,放于通风、保温良好、有散射光照条件的地方对种薯进行催芽。

(4)种薯切块　切块重量 50 克为宜,每块留有 1～2 个芽眼,切面和每个薯块的个体差异越小越好。

(5)种薯拌药　每 100 千克种薯用 70%甲基托布津粉剂 100 克+滑石粉 1.5～2 千克拌种,或每 100 千克种薯用滑石粉 2 千克+50%多菌灵可湿性粉剂 200 克+72%霜脲·锰锌(克露)可湿性粉剂 100 克混合后拌种。

(6)播种时间　一般在 4 月中旬到 5 月中旬当 10 厘米土层地温保持在 6～7 ℃时进行。

(7)播种密度　微型薯每亩株数一般为 4 500～5 000 株,原种为 3 500～4 000 株。

(8)播种深度　播种深度掌握在 8～10 厘米,深浅浮动 2～3 厘米。

(9)中耕培土　喷灌圈马铃薯全生育期进行两次或一次中耕均可。

第一次中耕一般掌握在全田出苗 20%～40%时进行,覆土厚度 2～4 厘米。第二次中耕在马铃薯植株高度达到 15～20 厘米时进行。此时中耕要除掉大部分杂草,覆土到马铃薯茎基部,切勿埋苗。中耕培土要做到均匀一致,如有边角地未培上土的须人工完成。

(10)水肥管理　将所需氮、钾肥的 1/2 作为追肥,分 4～5 次完成。马铃薯播种后如土壤墒情好,凭种薯内贮备的水分便能正常发芽,如果播前土壤墒情差要提前足量灌溉。苗期保持土壤田间最大持水量的 50%～70%,出苗率达到 20%～40%和苗高 15～20 厘米时结合追肥进行中耕;块茎形成至块茎增长期应保持田间最大持水量的 75%～85%，到收获前 15 天左右停止浇水。

(11)病虫害防治　马铃薯虫害主要是蚜虫、芫菁等，可用矿物油、氯氰菊酯或功夫乳油即可有效防治。喷灌马铃薯以防早疫病、立枯丝核菌病为主。早疫病防治可以通过适当调整播期、培养健壮植株，药剂保护和防治进行。早疫病防治前期以保护性药剂和内吸性药剂交替使用，后期将二者混合使用。

(12)收获　在收获前 15 天进行杀秧，茎叶打碎还田，阻止病害导入薯块，同时便于机械收获。收获前先用喷灌机按 80%的速度浇水一遍，使土壤水量达到 50%左右。

四、马铃薯主要病害判定及防治

(一)马铃薯晚疫病

1. 症状

该症状主要为害叶片、叶柄、茎和块茎。叶片发病，病斑多在叶尖和叶缘处，初为水浸状褪绿斑，后扩大为圆形暗绿色斑，病斑边缘不明显。在冷凉和高湿的条件下，病斑扩展很快，边缘有白色稀疏的霉层，叶背在雨后清晨更为明显。天气干燥时，病斑扩展慢，干燥变褐，不产生霉层，质地易裂。茎部受害，可形成长短不一的褐色斑，潮湿时，也可产生白色霉层，但较稀疏。块茎发病，形成淡褐色或紫褐色不规则病斑，稍凹陷。病斑下的薯肉有不同程度的褐色坏死，与健康薯肉相比没有整齐的界限，病薯往往同时感染细菌而腐烂。

2. 病害控制

(1)选用抗病品种　对晚疫病具有一定抗性的品种有：克新 4 号、克新 10 号、克新 11 号、克新 13 号、东农 304 号、春薯 4 号、坝薯 10 号、晋薯 7 号、陇薯 3 号、陇薯 6 号、鄂薯 1 号、鄂薯 3 号、青薯 168、川芋 56、渭薯 1 号、红皮等。

(2)严格执行种薯准入制度，防止病害蔓延　大批调入种薯前，应派专家进行产地检查或进行种薯检验，证实无病后方可调种，这对于新的马铃薯种植区尤为重要。

(3)种植无病种薯

①选用脱毒种薯　一般生产田最好选用一级或二级种薯。

②精选种薯　播种前把种薯先放在室内堆放 5～6 天，进行晾种，不断剔除病薯。选择具有本品种特征，表皮光滑、柔嫩、皮色鲜艳、无病虫、无冻伤的块茎作种薯。凡薯皮龟裂、畸形、尖头、皮色暗淡、芽眼凸出、有病斑、受冻、老化等块茎均应坚决淘汰。如出窖时块茎已萌芽，则应选择具粗壮芽的块茎，淘汰幼芽纤细或丛生纤细幼芽的块茎。

③切刀消毒　常用 75%酒精、3%来苏尔、0.5%的高锰酸钾溶液浸泡切刀 5～10 分钟进行消毒。要准备多把切刀，切到病薯要换用消毒刀。

④药剂拌种　药剂拌种防治的主要对象有三个，即晚疫病菌、细菌、半知菌类的真菌，因此在选择药剂时要分别选择防治晚疫病菌、细菌和半知菌类真菌的药剂。防晚疫病菌的药剂有克露、甲霜灵锰锌、杀毒矾、阿米西达等；防细菌的药剂有硫酸链霉素和春雷霉素；防半知菌类真菌的药剂有适乐时、满适金、多菌灵、甲基托布津等。拌种方法可分为干拌和湿拌，干拌一般先将一定量的药剂与适量滑石粉混匀，再与种薯混匀后即可播种；湿拌一般将所选药剂配成一定浓度的药液，均匀喷洒在切好的种薯上，拌匀并晾干后播种。由于不同药剂有效含量不同，具体使用剂量参见产品说明书。

(4)高垄栽培　高垄栽培既有利于块茎生长与增产，又有利于田间通风透光、降低小气候湿度，进而创造不利于病害发生的环境条件，抑制病害发生。一般垄宽60～90厘米，培土高度25～30厘米。

(5)药剂防治　做好病情测报工作，及时发现中心病株。一般选择低洼潮湿、生长旺盛、成熟较早的感病品种田，从植株开始现蕾时起进行调查。封锁和消灭中心病株是大田防治的关键，发现中心病株要立即拔除，病穴用石灰消毒，同时整个田块要立即喷药，尤其是在中心病株的附近。施药时间一般掌握在植株封垄之前一周左右喷第一次药，共喷3～5次，前期选用保护性药剂，发现中心病株后选用内吸治疗性药剂。防治晚疫病保护性药剂有大生M-45、进富、安泰生、达科宁、阿米西达及瑞凡；内吸性药剂有金雷、克露、霜脲锰锌、霉多克、银法利等。为防止抗药性的产生，建议几种药剂轮换使用。

(二)马铃薯早疫病

1. 症状

马铃薯早疫病主要为害叶片，也可为害叶柄、茎和薯块。首先，在植株下部叶片或老叶上产生小的、近圆形、褐色至深褐色病斑，病斑可迅速扩大，其上产生黑色同心轮纹和少量黑色霉层。严重时，整个病斑相互连接，但受叶脉限制成三角形或不规则形，最后穿孔，叶片变黄，干枯，脱落。叶柄受害多发生于分支处，病斑褐色，线条形，稍凹陷，扩大后呈灰褐色长椭圆形斑，有轮纹。块茎受害，产生暗褐色，稍凹陷，圆形或近圆形病斑，大小不等，有的病斑，直径可达2厘米。边缘明显，皮下呈浅褐色海绵状干腐，深度一般不超过6毫米，在老化的病斑上，可以产生裂缝。在贮藏期间病斑可增大，块茎皱缩。

2. 病害防治

病害防治策略以选用抗病品种、增强地力、加强栽培管理提高马铃薯抗性为基础，积极采取有效的化学防治方案，尽量减少薯块受伤以及及时清除田间病残体等措施。

(1)选用早熟抗病品种,适时提早收获　尽管没有免疫的品种,但不同品种间对早疫病的感病程度不同,如东农303、晋薯7号等较抗病。

(2)制定合理的化学防治方案　在植株封垄时结合预防晚疫病喷施代森锰锌(大生M-45、进富)。发病初期喷施内吸性专用杀菌剂,如阿米妙收悬浮剂、世高(苯醚甲环唑)水分散粒剂、金力士乳油等。每隔7～10天喷1次,连续防治2～3次。注意,由于世高和金力士对植株生长有一定的抑制作用,因此,世高和金力士要在封垄后使用。

(3)加强栽培管理　清理田园,掩埋植株病残体,以减少侵染菌源,延缓发病时间。选择土壤肥沃的高燥田块种植,增施有机肥,提高寄主抗病能力。加强管理、增施钾肥、及时灌溉、促进植株生长健壮。

(4)合理贮运　收获充分成熟的薯块,在包装和运输过程中,块茎尽量较少受伤。病薯不入窖,贮藏温度以4 ℃为宜,不可高于10 ℃,并且通风换气。

(三)马铃薯黑痣病(立枯丝核菌病、茎基腐病、丝核菌溃疡病、黑色粗皮病)

1. 症状

立枯丝核菌主要危害马铃薯的幼芽、茎基部及块茎。芽块播种到田里出芽后,幼芽顶部出现褐色病斑,使生长点坏死,不再继续生长。地下块茎发病多以芽眼为中心,生成褐色病斑,往往造成不出苗或晚出苗,这样就出现了苗不全、不齐、细弱等现象。在苗期主要感染地下茎,地下茎上出现指印形状的褐色病斑,薯苗植株矮小和顶部丛生,严重的植株可造成立枯、顶端萎蔫。茎秆上发病先在近地面处产生红褐色长形病斑,后逐渐扩大,茎基全周变黑、表皮腐烂。病原物的有性阶段,发生在近地表的地上茎的表面,往往产生灰白色菌丝层,其上形成担孢子,茎表面呈粉状,容易被擦掉,粉状下面的茎组织是正常的。在成熟的块茎表面形成大小形状不规则的、坚硬的、土壤颗粒状的黑褐色或暗褐色的菌核。

2. 病害控制

(1)选用无病种薯　播种前进行种薯晾晒挑选,选芽眼较深、表面光滑不带有菌核的块茎作为种薯。

(2)实行轮作倒茬　由于菌核能长期在土壤中越冬存活,可与小麦、玉米、大豆、多年生牧草等作物轮作来降低土壤中的病菌数量,实行三年以上轮作制,避免重茬。

(3)化学防治

①种薯处理　为防种薯带病和土壤传染,栽种时薯块用2.5%适乐时种衣剂包衣,也可用3.5%满适金或25%的阿米西达等药剂稀释后拌种。

②垄沟施药　用阿米西达(Amistar)悬浮剂等,在种薯播种到垄沟后马上进

行沟内喷药,使药物均匀喷到土壤和芽块上,然后覆土。

(四)马铃薯青枯病

1. 症状

马铃薯青枯病在马铃薯幼苗和成株期均能发生。一般幼苗期不明显,多在现蕾开花后现急性显症,表现为叶片、分枝或植株急性萎蔫,叶片浅绿或苍绿,开始时早晚恢复,以后逐渐加重,经4～5天或更短时间全株茎叶萎蔫枯死,但病株在短期内仍保持青绿颜色,叶片不脱落,随后叶脉逐渐变褐,茎部出现褐色条纹,也有时一个主茎或一个分枝萎蔫,其他茎叶生长正常。横切病株茎部可见维管束变褐,用手挤压有污白色菌脓从切口处溢出,此为病原细菌溢脓。块茎染病后,轻的不明显,重的脐部呈灰褐色水浸状,切开病薯,维管束环变褐,稍挤压易溢出乳白色细菌脓液,但皮肉不从维管束处分离,严重时块茎外皮龟裂,髓部软腐溃烂。

2. 病害控制

青枯病是世界上最严重的细菌性病害之一,进行马铃薯青枯病的防治主要有以下途径:

①选用无病种薯与小整薯播种　从无病良种繁育基地调种,并对种薯进行严格挑选。在种薯储藏期间要定期检查、挑选病薯,及时做销毁处理。一般采用小整薯播种,整薯播种要求薯块不宜太大,以30～50克为宜。若种薯较大,需要切块时,要注意切刀消毒,切刀消毒可用75%酒精或0.3%的高锰酸钾,避免病菌随切刀传播至健康薯块。

②实行轮作　实行与十字花科或禾本科作物4年以上轮作,最好与禾本科(如水稻)进行水旱轮作,能明显减轻病菌危害。

③选用抗病品种　目前较抗青枯病的品种有克新4号、东引1号、大西洋、新芋4号等。生产者可以根据不同区域特性选用不同的品种或品系。

④药剂防治　发病初期选用春雷霉素或用1∶1∶240倍波尔多液喷雾,也可用可杀得、络氨铜等兑水灌根,每隔7～10天灌1次,连续防治2～3次。

(五)马铃薯环腐病(轮腐病)

1. 症状

马铃薯环腐病是一种由细菌引起的维管束病害。植株地上部症状因品种不同而表现有萎蔫型和枯斑型。萎蔫型多数从现蕾期开始发生,开花期发生最多,发病初期植株叶片自下而上逐渐萎蔫下垂,上部叶片沿中脉向内弯曲,呈失水状萎蔫,叶片变灰色,部分枝茎或整株枯死,但叶片不脱落,剖视茎基部,维管束变为淡黄色至黄褐色;枯斑型从植株基部叶片开始发病逐渐向上蔓延,初期叶尖、叶缘呈褐色,叶肉呈黄绿色或灰绿色而叶脉仍为绿色,呈斑驳症状,后期叶尖叶缘逐渐干枯,叶片向内纵卷，重病株生长矮小，叶片上呈现枯斑后随即整株枯死。横切开块茎，可见维管束变为乳黄色以至黑褐色，皮层内出现环形或弧形坏死部，故称环腐。重病薯用手挤压，可溢出黄白色菌脓。重者皮层和髓部组织分离，表皮爆裂。

2. 病害控制

①建立无病种薯田　播种时精选种薯，力求播种无病种薯，并及时拔除病株携带到田外集中处理。收获时单独收、单独贮藏，留作种薯用。

②选用抗病或者耐病的品种　严禁从病区调种。

③尽可能采用整薯播种　为避免切刀传染，采用小整薯播种，可以很大程度地减轻病害发生。

④播前剔除病薯　将种薯在温暖环境下晾种或催芽晒种 5～7 天，不断剔除烂薯，可使田间环腐病大为减少。

⑤药剂拌种　采用春雷霉素拌种。一般 100 千克种薯用 7 克硫酸链霉素加 2.5 千克滑石粉混匀即可。

(六)马铃薯黑胫病(黑脚病)

(1)症状　马铃薯黑胫病可以由多种细菌引起。感染黑胫病菌后植株生长受到限制，叶尖向上卷曲并开始变黄，茎秆逐渐萎蔫，茎基部常会出现软黏、黑色的病斑，称为黑胫。茎的纵切面可见维管束组织和髓变褐或者变黑。病原细菌可通过母薯侵入茎，细菌通过匍匐茎进入子薯，在薯块内茎末端即可见明显软腐病症，并可发展至整个薯块。薯块软腐在田间和贮藏期间都可能形成。

(2)病害控制　同环腐病防治。

第五节　朝天椒栽培技术

朝天椒是辣椒的变种，又名三樱椒、天鹰椒，属茄科辣椒属，为多年生半木质性植物。原产于泰国，后于中国引进辣椒籽，并培植出多个朝天椒品种。现中国南北均栽培，常作为盆景栽培。朝天椒的果梗及果实均直立，椒果较小，圆锥状，成熟后呈红色或紫色，味极辣。适宜种植在土质肥沃，排水良好且阳光比较充足的地方。朝天椒富含蛋白质、维生素 C、辣椒素等，既可鲜食、泡制，又可作为干辣椒使用。

一、种子处理

对未用药物处理过的种子，播种前将种子晾晒 2～3 天，用 0.2%高锰酸钾溶液浸种20～25分钟，捞出彻底洗净药液，浸在水中充分搅拌，去除秕粒，并放入50 ℃左右的温水中浸种12小时，在30 ℃左右条件下保湿催芽4～5天。待种子露白，用纱布包好，幼根长度与种子长度相等时即可播种。

二、播种育苗

俗话说"辣子栽花，茄子栽荚"。适时播种是朝天椒高产的重要措施之一。"宁可苗等地，不可地等苗"，承德育苗最佳时间是2月底至3月中下旬。采用双层小拱棚塑料薄膜覆盖育苗，苗龄45天左右。苗床宽1～1.2米，长8～10米，四周高20厘米，拱棚高0.5米。每亩大田需苗床10米^{2}左右。苗床施优质腐熟肥、尿素、磷酸二氢钾，翻挖入土浇足底水，渗干后用小刀纵横划成1～2厘米的正方块，每个方格内播种1～2粒。播种前先用50%多菌灵800～1 000倍液对苗床消毒。每亩大田需种子120～150克。选无风的晴天中午播种，在苗床上浇足水，待下渗后即可播种，然后用过筛的细土覆盖种子0.5厘米厚，不能过厚过薄，播种后立即用塑料薄膜覆盖，四周用泥土封严。注意天气变化防止高温烧苗，出苗后遇晴天高温需两边揭膜通风，早揭晚盖。

三、整地施肥

朝天椒主根不发达，80%的根系在5～25厘米的土层内。因此，朝天椒丰产栽培一般要求活土层达到25厘米以上，如果活土层太薄，会影响根系的生长发育。

前茬作物收获后，要立即进行秋耕，耕深在25厘米以上。耕后经过一个冬季晒垄和冻垄，不仅可以提高土壤肥力，而且可以大大减轻病虫害。早春解冻后适时进行春耕，已进行秋耕的地块，浅耕20厘米左右即可。也可以只进行耙耱保墒，不再耕翻，到施肥时再进行耕翻。没有进行秋耕的地块，需及早进行春耕，耕翻应适当深些。春季雨雪少，蒸发量大，跑墒快，要随耕翻随耙耱保墒。

1. 施足底肥

根据地力，进行测土配方施肥。施用有机肥不但能增加土壤的团粒结构，而且由于有机肥的缓冲作用，还可以较多地施用可溶性化肥，使其保存在土壤中不致流失。每公顷朝天椒可施用充分腐熟的优质农家肥45～75米^3，辣椒专用肥750～1 125千克，或氮、磷、钾三元素(各含15%)复合肥750～1 200千克。农家肥用量不足时，应适当加大化肥用量。整地做畦结合施肥机做好土地平整，使土壤达到上虚下实无坷垃、地面平整无坑洼，随后起垄。

2. 起垄定植

朝天椒定植垄上，每垄一行。一般垄距40～50厘米，垂直高度20厘米左右，垄顶宽 20～30 厘米。垄栽春季提高地温较快，有利于促进根系发育。雨季便于排水，能有效地减轻涝渍灾害和病害。

四、移栽定植

在两叶一心与四叶一心时各间苗 1 次，苗高 6 厘米进行通风炼苗，确保移栽成活，以保证移栽的成活率。定植前对苗床浇透水，促进苗生发新根，以便于起苗。当苗 6 片真叶、高 10 厘米，有部分花蕾显现时即可移栽定植，起苗应拌土随起、随栽、随浇定苗水，每亩栽培 800～900 株。可根据地块肥力每亩施腐熟有机肥 2 000～2 500 千克、三元复合肥 50 千克。为了便于排灌，可适当高畦栽培。移栽前 1 周要求无雨天气，多云和晴天为好，避免在雨天移栽而影响椒苗发根。在 4 月下旬至 5 月上旬完成移栽大田，最迟不宜超过 5 月中旬。

五、田间管理

1. 水分管理

椒苗要及时浇定根水。根据地表干湿状态及时浇水，尽量在阴天或傍晚浇水，在盛花期应小水勤浇，保持土壤湿润。切勿在烈日下猛晒猛浇，大水漫灌和高温天气中午浇水会降低土壤温度，导致落叶、落花、落果现象发生。门椒长至 2.5 厘米进行中耕除草松土（深 8～10 厘米），2 次即可，以提高土壤通透性与保水能力。

2. 合理施肥

施肥原则以腐熟肥、农家肥、有机肥为主，配施复合肥。定植后结合定根水每亩用大量元素水溶肥 0.5 千克加 30%甲霜噁霉灵 200 毫升加 30%琥珀肥酸铜 300 毫升喷施。定植后 15 天每亩用 5 千克含硫三元复合肥加 0.5 千克硼锌铁镁肥浇施，每隔 10 天浇 1 次，至采收开始。采收期每周浇 1 次至初霜来临。开花现蕾期每亩施尿素 8 千克，促进现蕾开花和分枝生长。坐果期植株需肥量大，每亩施尿素 10 千克、复合肥 20 千克。因朝天椒生长期较长，属多次采收作物，每次采收后要及时追肥，追肥尽量不要伤根系。朝天椒施肥原则：重施底肥，以农家肥、有机肥为主，结果期追施 2～3 次，氮、磷、钾配合科学施肥。

3. 整枝、摘心与打顶

朝天椒枝型层次明显，产量主要集中在侧枝上，占 80%～90%，主茎约占 10%。主茎现蕾（门椒开花期间）应进行人工摘心，门椒结果部位以下侧枝摘除，并将一级侧枝以下老叶、病叶及分杈剪除，以利于行间通风透光，促发侧枝。副侧枝若发生晚，果实不能成熟，应及时摘除。缓苗后 5～7 天内，8 片叶左右要打顶，从而限制主茎生长，促发侧枝，提高产量。

六、病虫害综合防治技术

1. 农业防治

农业防治也称耕作防治,是通过调整农艺或园艺措施,使周围环境不利于有害生物生长,以减少有害生物数量防止危害发生的防治方法。农业防治不仅经济有效,而且对人畜无害,不污染环境。常见方法主要有:选用无病壮苗,采用深沟高畦栽培,定期除草,摘除老叶、病叶,以及合理灌溉和强降雨及时排水等措施。

2. 物理防治

物理防治是利用简单工具或某些物理因素,根据不同害虫特性,制造不适合其生长繁殖的环境,直接进行集中捕捉或清除,以达到防治害虫目的。一般情况下,多从温度、光照、湿度等方面进行考虑,如在大棚内安装杀虫灯,利用一些害虫趋光性来诱杀;或在傍晚利用糖醋液诱杀一些对气味敏感的地下害虫;或利用黄板、蓝板诱杀有趋黄、趋蓝特性的害虫;或利用防虫网集中灭杀害虫等方法。

3. 生物防治

生物防治是利用生物物种间的相互关系,通过某种生物的天敌来抑制该种生物侵害。生物防治不同于农药类化学防治,不会对环境造成污染。目前,生物防治方法比较多,如利用微生物除害虫,或可以引入天敌除掉害虫,同时保证其天敌对植株无害等。朝天椒的生物防治主要是以菌治虫,即利用微生物来防治害虫。例如,通过枯草芽孢杆菌、波纹假单胞菌、黄曲霉生物防治剂等对侵染辣椒土壤微生物群落进行改善,对辣椒疫病防控等方面工作已取得一定成效。

4. 主要病害防治

(1)猝倒病　猝倒病又称倒苗,一般从朝天椒根茎部开始发病,呈现近圆形黄棕色病斑,后不断扩散,绕茎一周,发病部位逐步萎蔫,最终使幼苗失去支撑能力而倒下。病菌可以借助施肥、灌溉、农具等方式传播。发病原因主要是由于苗期环境温度较低、湿度高、光照弱、通风不良等。初发病期可用70%噁霉灵可湿性粉剂300～500倍液、64%杀毒矾可湿性粉剂500倍液或40%乙膦铝可湿性粉剂400倍液防治,每7～10天防治1次,连防2～3次。

(2)立枯病　立枯病又称死苗,主要危害朝天椒幼苗根部和茎部,病害部位呈现近圆形棕色病斑,并逐步扩散,有时会产生网状菌丝体,之后形成菌核,导致作物萎蔫枯死。该病害常与猝倒病混合发生,多见于幼苗中后期,发病原因是幼苗期间生长过密、温度偏高、透风条件差等造成。发病初期可用40%甲基硫菌灵悬浮剂500倍液进行处理;若猝倒病与立枯病同时发生,可喷洒72.2%霜霉威水剂800倍液加50%福美双可湿性粉剂800倍液,每平方米用药液量2~3千克。

(3)病毒病 病毒病是由病毒寄生而造成的朝天椒叶片变形、枯萎等病害,其果实染病会出现黄绿不均的花斑、僵化或疣状突起。病毒传播途径多为高温干旱时期,由蚜虫、白粉虱等昆虫经汁液接触传播侵染。病毒病防治要在病株发病前期进行综合治理,如提前3~5天,采用25%噻虫嗪水分散粒剂1 500~7 500倍液灌根,提高作物对病毒病的抗性。或在定植前1~3天,对秧苗喷洒2%宁南毒素水剂300倍液,混加芸薹素内酯6 000倍液,混加20%,连喷2~3次。也可在发病初期,用2%香菇多糖500~600倍液喷洒,每7天喷1次,连喷3~4次即可。

(4)炭疽病 炭疽病在朝天椒作物中发病可分为叶片发病和果实发病。叶片发病表现为从茎基部开始产生梭形或近圆形病斑,其边缘呈棕色或红棕色,病斑中间部位呈灰白色,最后形成不规则病斑并逐渐向叶片边缘扩散。炭疽病防治可将无病或杂交种进行药剂消毒,然后用清水反复清洗,再进行晾干、播种、施肥。在发病前期喷洒50%甲基硫菌灵·硫黄悬浮剂800~1 000倍液或10%苯醚甲环唑水分散粒剂1 000~1 500倍液进行处理。

七、主要虫害防治

1. 蚜虫

蚜虫也称蜜虫,属于同翅目蚜科,常在朝天椒花蕾、顶芽和叶片上以刺吸方式吸取汁液,从而造成植株枯萎死亡。蚜虫防治可用25%吡蚜酮可湿性粉剂8 000倍液或3%啶虫脒乳油225~300毫升/公顷。此外,蚜虫分泌的蜜露会诱发病毒病、煤污病以及带来其他虫害,可采用田间间作方式来减少蚜虫传播病毒。

2. 茶黄螨

茶黄螨会吸食朝天椒幼嫩部位,危害嫩尖,使其发生变形、变色。发病时表现为叶片卷边,呈黄褐色并扭曲变形,严重时会造成叶片干枯。同时,花蕾受害后不能开花,果实受害后会失去光泽、逐渐变硬。茶黄螨防治要在栽培植株完成后进行喷药,可选用35%杀螨特乳油1 000倍液或20%复方浏阳霉素1 000倍液进行喷洒,并定期清除田地杂草,减少虫源。

3. 烟青虫

烟青虫主要对朝天椒果实、花蕾、芽、叶片等部位造成危害。害虫可进入果实内部吸食营养成分,造成果肉被取食后仅剩果皮和虫粪,导致果实腐烂。烟青虫成虫多采用黑光灯进行诱杀,也可在其孵卵盛期或幼虫期喷洒2.5%氟氯菊酯乳油2 000~4 000倍液或10.8%四溴菊酯乳油5 000~7 500倍液。

第六节　南瓜栽培技术

南瓜是葫芦科南瓜属中瓜蒂(梗座)呈五棱形(喇叭形)的栽培种,一年生蔓性草本植物。别名:中国南瓜,俗称:倭瓜、香瓜、饭瓜。南瓜起源于墨西哥和中南美洲。中国古籍中有关中国南瓜的描述,始见于元末、明初贾铭著《饮食须知》一书,在其“菜类”篇中有“南瓜味甘、性温”的记述。明·李时珍在《本草纲目》(1578年)中说:“南瓜种,出南番”,这里的南番可能指中国南方,也可能是南方的邻国。自明中叶以后,栽培日盛,中国南北方均有种植。目前,南瓜在世界各地都有栽培,亚洲栽培面积最大,其次为欧洲和南美洲。中国普遍栽培。南瓜以嫩瓜或老熟瓜供食用,可炒食、蒸食、作汤、煮粥、作馅等。南瓜中的一些优良品种干物质含量高,并有丰富的胡萝卜素、维生素C、果胶、淀粉和糖类等营养物质,其中还具有辅助降低人体血糖的功能因子,如芽蛋白、南瓜多糖和微量元素锌、铬等成分。所以,南瓜不仅是人们喜爱的鲜食蔬菜,也适宜制作成各种加工制品。

一、选地和整地

南瓜种植首先要选择土壤肥沃、土质疏松、地势较高、阳光充足、排灌水的地块,最好为沙壤土或者轻壤土,土壤偏酸性,要注意南瓜不宜与瓜类作物连作,否则会严重影响产量,还要加重病虫害的发生。地块选择好后首先需要整地,并将杂物清理干净,然后进行深翻,施入充足的基肥,可以使用充分腐熟的农家肥,用量一般为3 000～5 000千克/公顷,然后配合使用适量的复合肥,有条件的话也可以施用生物菌肥,效果更佳。

二、选种和种子处理

南瓜的品种繁多,在种植前需要根据当地的种植条件、土壤条件以及种植目的选择合适的品种,无论选择何种品种都要具备产量高、适应性强、抗病虫害能力强等特点。这样对种子进行处理,可以提高发芽出苗率,首先将种子中的杂质、瘪籽和畸形籽剔除,其次选择晴天晒种2～3天,一方面可以增强种子的活力;另一方面经过紫外线的照射可以达到杀菌的作用。最后将晒好的种子放入55 ℃温水中搅动15分钟,待水温降到30 ℃后,再继续浸种3～4小时,之后将表面的黏液搓洗干净,用湿布包好,放在25～30 ℃的环境中催芽2～3天,待80%的种子露白后即可用来播种。

三、适时播种

南瓜的播种时间要根据当年的温度和当地的条件来确定，一般选择在清明至谷雨时，此时温度适宜，适合南瓜发芽出苗。如果选择早播，需要采用地膜覆盖的方式，在使用地膜覆盖技术时要注意覆盖时需将土坷垃打碎，以使覆盖物紧绷，盖严，否则会影响到覆盖的效果，使幼苗冻伤。播种时采取开穴播种的方式先开穴，然后灌足底水，每穴中放入 3～4 粒种子，然后盖土。每穴的间距一般保持在 50 厘米左右，此间距利于通风、透光和预防病虫害。

四、栽培技术

南瓜幼苗长出 2～3 片真叶时需要间苗，弱苗、病苗拔除，做好补苗的工作。在长出 3～5 片真叶时就需要定植，一般选择在天气晴朗的下午进行，选择健壮、无病的小苗定植，种植深度一般以叶平齐出土面为宜，然后将水浇透。定植后 10 天左右喷施一次有机肥，以氮肥为主，在植株开始爬蔓，长到 8～10 片真叶时进行第一次打顶，目的是促进侧蔓萌发，然后使稍大点的土块压住茎蔓，以促进气生根萌发。提前搭设好支架，牵引茎蔓攀爬支架，确保枝条不相互遮挡。当南瓜生长到一定的阶段后进入开花期，最初以开雄花为主，待雌花开时需要追施磷钾肥。为了提高结果率，可实施人工授粉，结瓜后保持每株有 3～5 个瓜即可，如将多余的幼瓜和雄花摘除，并对茎蔓打顶，以促进幼瓜生长。要注意尽量避免瓜与土壤接触，可使用垫板将其与土壤隔离，否则易造成瓜体腐烂，品质下降。对于较大的瓜则需要固定住。

五、田间管理

加强中耕除草，中耕可以达到疏松土壤，保墒和清除杂草的作用，因此，在南瓜的整个生长期需要中耕除草 2～3 次。在苗期中耕时要注意不要移动苗或者伤到苗和根系，并且在中耕时要注意往根上培土，这样可以提高地温，促进根系的生长发育，利于壮秧，其他阶段的中耕也要注意不要伤到植株、叶片和幼瓜，以免影响到产量。要合理的灌溉和追肥。南瓜的抗旱能力强，在定植后，如果墒情良好则不需要灌水，如果遇到干旱季节则可以适当地浇水，在雨季则需要及时排水，以免地块积水，使植株徒长，南瓜腐烂。一般情况下，南瓜在果实膨大期间需水量较多，因此应在适当的时间浇水。南瓜对养分的需求量较大，除了要施足基肥外，还需要在整个生育期进行科学追肥。南瓜伸蔓后，在距离根 20 厘米处开沟施肥，施有机肥或者速效氮肥，用量根据生长情况确定，施肥后需要适量浇水。注意追肥要遵循少量、勤施的原则,要避免发生烧根的现象。

如果南瓜的枝叶生长过于旺盛,会影响瓜的生长,引起化瓜现象的发生,因此,要及时整枝和压蔓,如果是为了促进南瓜生长,一般在6～8片真叶期打项,促进侧枝萌发,侧蔓的数量一般为3～4条。另外,根据南瓜种植需要,可以适当进行整枝打蔓、留侧蔓。南瓜属于异花授粉,需要昆虫进行传播花粉,以达到结瓜的目的,当遇到下雨天时昆虫不能传播花粉,会导致南瓜坐果率低。为了提高南瓜坐果率,从而提高产量,实施人工授粉,可以有效预防僵蕾和僵果出现。

六、病虫害防治

南瓜的病虫害较多,也较易发生,对于南瓜病虫害的防治,目前提倡以农业防治为主,化学药剂防治为辅。主要虫害包括蚜虫、蚂蚁等,会严重影响南瓜的产量和质量。在防治虫害时可以有针对性地选择化学药剂,如使用吡虫啉、阿维菌素等药剂进行喷雾防治,防治效果较为理想。南瓜主要的病害有白粉病和病毒病,当病害发生时会直接影响到南瓜的生长发育,使生育期缩短,产量下降,品质降低。其中蚜虫是病毒病的主要传播媒介,因此,防治病毒病要先治蚜虫。对于因情况严重的病害,需要将病株清理干净,以免病情蔓延。

第五章　食用菌栽培

第一节　香菇栽培技术

一、香菇的生物学特性

(一)香菇的形态特征

香菇菌丝白色，绒毛状，具有横隔和分枝，双核菌丝有明显的锁状联合，成熟后扭结成网状。菌丝在斜面培养基上平铺生长，在试管内略有爬壁现象，边缘呈不规则弯曲。老化后略有淡黄色色素分泌物。早熟品种在冰箱内存放时间稍长，有的会形成原基。

菌盖位于子实体上部，幼时菌盖内卷，呈半球形。随着生长逐渐平展，趋于成熟。过分成熟时，菌盖边缘向上反卷。菌盖表面色泽为淡褐色或茶褐色，盖面披有白色或黄白色鳞片，有的出现菊花样纹斑，甚至龟裂，称为花菇。菌肉肥厚，洁白。

菌褶白色，后期红褐色。孢子印白色，椭圆形，无色，光滑，(4.5～7)微米×(3～4)微米。

菌柄中生或偏生，呈圆柱形或近圆形，表面附着纤毛，内部实心，纤维质。

(二)生活条件

1．营养条件

香菇是一种木腐菌，主要的营养成分是碳水化合物和含氮化合物。以纤维素、半纤维素、木质素、果胶质、淀粉等作为生长发育的碳源，但要经过相应的酶分解为单糖后才能吸收利用。以多种有机氮和无机氮作为氮源，小分子的氨基酸、尿素、铵等可以直接吸收，大分子的蛋白质、蛋白胨就需降解后吸收。菌丝生长还需要多种矿质元素，以磷、钾、镁最为重要。并且需要少量的无机盐和维生素等，需补充少

量维生素 B_1。香菇也需要生长素,包括多种维生素、核酸和激素,这些多数能自我满足。

(1)碳源　香菇菌丝能利用广泛的碳源,包括单糖类(葡萄糖、果糖)、双糖类(蔗糖、麦芽糖)和多糖类(淀粉),糖的浓度在 1%～5%比较好。培养基或木材中的木质素和纤维素是香菇最基本的碳素来源。在天然培养基中经常用麦芽浸膏、酵母粉、马铃薯、玉米或可溶性淀粉作为碳源。

(2)氮源　香菇菌丝能利用有机氮(蛋白胨、L-氨基酸、尿素)和铵态氮,不能利用硝态氮和亚硝态氮。香菇生长发育对氮的需求,因氮源种类和香菇菌株而有所不同。高浓度的氮会抑制香菇原基的分化。

(3)矿质元素　除了镁、硫、磷、钾之外,铁、锌、锰同时存在能促进香菇菌丝的生长,并有相辅相成的效果。

(4)维生素类　香菇菌丝的生长需要维生素 B_1,其他维生素则不需要。适合香菇菌丝生长的维生素 B_1 浓度大约是每升培养基 100 微克。维生素类在马铃薯、麦芽浸膏、酵母浸膏、米糠、麸皮、玉米中有较多的含量。因此,使用这些原料配制培养基时,可不必再添加。

2. 环境条件

(1)温度

香菇是低温型菌类,菌丝生长的温度范围在 5～32 ℃,最适温度 23～25 ℃。香菇原基在 8～21 ℃分化(10～12 ℃分化最好)。子实体在 5～24 ℃范围内发育,8～16 ℃最适。

实际生产中,根据各个香菇品种原基分化的最适温度范围,将香菇分为低温型(5～15 ℃)、中温型(10～20 ℃)、高温型(15～25 ℃),以及中低温型、中高温型品种。同一品种,在适温范围内,较低温度条件下子实体发育慢,菌柄短,菌肉厚实,质量好;在高温条件下子实体发育快,菌柄长,菌肉薄,质量差。

由于香菇是变温结实型的菇类,子实体分化需要温差刺激,不同的品种对温差的敏感程度也有所不同,一般温差刺激需要 10 ℃以上。

(2)水分

①水分对菌丝生长的影响:在木屑培养基中,菌丝生长的最适含水量是55%～60%,因料的粗细而有差异,细料孔隙小,不利于通氧,要做干些,粗料则相反。香菇在含水量过多时,其菌丝会缺氧而生长受阻甚至死亡;相反,含水量不足时,菌丝分泌的各种酶就不能通过自由扩散接触培养料进行分解活动,在 30%以下接种成活率不高,在 10%～15%条件下菌丝生长极差。

②水分对子实体的影响：子实体形成阶段培养料含水量保持60%左右，但培养料含水量太高，所生香菇质软易腐，菌盖呈暗褐色水浸状，商品价值低。含水量适宜，可以培养厚菇。

出菇时要求空气的相对湿度80%～90%为宜，较高的湿度有利于子实体的分化和生长，但湿度低可以造成逆境培养而提高质量，如加大通风，湿度降至60%，有利于花菇生长。

(3)空气　香菇是好气性菌类，足够的新鲜空气是保证香菇正常生长发育的重要环境条件之一。加强通风，还有利于菇形和菇质，盖大柄短，提高商品价值。在香菇生长中，如遇通气不良、二氧化碳积累过多、氧不足，菌丝生长和子实体发育都会受到明显的抑制。缺氧时菌丝借酵解作用暂时维持生命，但消耗大量营养，菌丝易衰老、死亡，子实体易产生畸形，也有利于杂菌的滋生。

香菇菌丝培养期间，菌棒应疏排低放，加大通风，让流动的空气及时带走菌丝生长释放的热量，降低湿度，能提高菌丝的抗病虫能力，防闷堆烧菌和黄水发生。

(4)光照　香菇菌丝的生长不需要光线，在完全黑暗的条件下菌丝生长良好，光线过强反而会抑制菌丝的生长。子实体分化阶段要进行光照处理，以促成菌棒转色，形成菌皮。子实体生长发育需要一定的散射光，在完全黑暗的条件下，子实体不形成。只要有微弱的光线，就能促进子实体形成。光线太弱，出菇少，菇形小，柄细长，质量次。但直射光又对香菇子实体有害，随着光照度增强，香菇子实体的数目减少。

在生产中，菇棚荫蔽度要求65%～80%。但北方的花菇栽培中经常进行白天敞棚日晒，晚上盖棚保温。

(5)酸碱度　香菇菌丝生长发育要求微酸性的环境，培养料的pH在3～7都能生长，以pH 5～6最适宜，超过pH 7.5生长极慢或停止生长。在生产中常将栽培料的pH调到6.5左右，因为高温灭菌会使栽培料的pH下降0.3～0.5，菌丝生长过程中所产生的有机酸也会使栽培料的酸碱度下降。子实体的发生、发育的最适pH为3.5～4.5。

(三)香菇的主栽品种简介和品种类型

香菇因栽培历史悠久，自然分布广泛，因而形成了众多的品种。

部分香菇主栽品种简介

(1)L241　中低温型，最适出菇温度12～16 ℃，菌盖茶褐色，菌肉肥厚，菌柄短，花菇比例大，180天出菇。抗逆性强，适应性广，是代料栽培香菇感官和品质均优的品种。

(2)939　属中低温型品种，最适出菇温度 14～18 ℃，菇体大，菌肉肥厚致密，菌盖黄褐色，高产优质，花菇厚菇比例大，菌龄 90 天左右。接种适期长，抗逆性强。

(3)135　属中低温型，其菌盖大，肉厚，菇柄短，菇质优，易形成花菇。出菇温度范围 6～18 ℃，以 9～13 ℃为最适；菌龄 200 天以上。

(4)L868　属中低温偏低型早熟品种，出菇温度 8～25 ℃。子实体中大型，菌盖茶褐色，圆整，菌肉较厚，柄细短，抗杂能力强。出菇快，菌龄 60 天以上，自然转色好，产量高，适鲜销。

(5)937　属中温偏低型中熟品种，子实体中型，菌盖黄褐色，边缘有白色鳞片，圆整，菌肉肥厚，柄特短，出菇温度 8～25 ℃。菌丝抗逆性强，产量高，极易形成花菇。菌龄 90 天左右，为鲜销特优种。

(6)Cr33　属中温型，菇形圆整，菌肉肥厚，盖色较深，柄短而细，产量高，菇质较优。最适出菇温度 15～22 ℃，菌龄 60 天。

(7)L26　属中温型早熟品种，出菇温度 10～25 ℃。子实体大型，菌盖茶褐色，肉厚，柄较短，抗逆性强，出菇较快，产量高。菌龄 65 天以上，是露地或温室秋栽的理想品种。

(8)Cr66　属中温型早熟品种，菌丝抗逆性较强，菌龄 60 天以上，子实体中型，菌盖黄褐色，菌肉肥厚，柄细短，出菇温度 10～23 ℃。出菇早、高产，易管理。

(9)灵仙一号　属中温偏高型品种，菌丝粗壮浓密色白，定植力较强，生长旺盛，菌龄 100～120 天，子实体大而单生，菌盖浅棕褐色，菌肉肥厚，柄稍长，中粗。出菇温度 10～34 ℃，最佳温度 20～26 ℃，菌龄 70 天。

(10)L808　属中高温型中晚熟品种，子实体中大型，朵形圆整。菌盖深褐色，半球形，颜色中间深，边缘浅，多丛毛状鳞片，呈圆周形辐射分布。菌肉厚，质地结实。菌柄短而粗。菌丝生长温度为 5～33 ℃，最适 25 ℃，出菇温度为 12～25 ℃；最适 15～22 ℃；需要 6～10 ℃的昼夜温差，菌龄 110 天。

(11)931　中温偏高型早熟品种，子实体表面为淡褐色，朵形圆整，菌盖有少量鳞毛，菌肉厚、色偏黄、菇质较硬、耐贮运。菌丝生长温度为 5～35 ℃，最适 24～27 ℃。出菇温度为 15～33 ℃，最适 20～25 ℃。菌龄 70 天，菌丝生长旺盛，出菇早，转潮快而集中，抗高温、抗杂菌能力强，是反季节香菇栽培优良品种。

(12)0912(辽抚 4 号)　菌株属广温类型，菌龄 70～90 天，出菇温度 10～29 ℃，菌丝生长速度特快。大型菇叶，菇形圆正，柄短叶厚，质地坚实，菇体颜色浅。抗病性强，抗杂性好，高温下能出优质菇。适合东北地区春、夏、秋季栽培。

(13)1363　属中温型,菌丝生长快,抗逆性强,自然条件下 10～20 ℃可正常出菇。菇形好,菌盖圆整,开伞晚,菌肉厚且密实。盖面色泽为浅茶色至灰白色,直径 3～7 厘米,菇体含水量少,易烘干,商品率高。适于各种季节,尤其反季节栽培,在较低温度下出菇。

香菇品种繁多,可按出菇周期长短、出菇温度、栽培技术等划分品种类型。

1. 按出菇周期长短划分的品种类型

(1)早生型　接种后 70～80 天出菇,出菇温度较高,如辽抚 4 号(0912)、武香 1 号等。

(2)迟生型　接种后 120 天以上出菇,出菇温度较低,如 241-4、135。

2. 按出菇温度划分的品种类型

(1)高温型品种　春、夏、初秋的菇种,子实体分化发育温度范围多在 15～25 ℃,常见的品种有 931、武香 1 号等。

(2)中温型品种　秋、冬、春发生的菇种,子实体分化的温度范围 10～20 ℃,生产上应用的品种有 L26、1363、867、939、937、Cr04、L868、沈农 63、Cr66 等。

(3)低温型品种　深秋、冬、早春发生的菇种,子实体分化发育的温度范围 5～15 ℃,常见的品种有 135、241-4 等。

二、秋、冬季香菇栽培

香菇立棒出菇模式是将菌棒直立或斜立在地面上,充分利用地面的温度、湿度等要素条件出菇,具有产量高、品质好,出菇时间可控,产品更能适应市场要求的特点,适宜在城乡广泛发展。

(一)生产安排

各地应因地制宜根据栽培方式,对照当地气候确定香菇生产时间。北方通常安排在冬、春和夏季,冬、春季(顺季)生产,5—6 月制棒,9 月至翌年 3 月出菇,东北地区应适当提前制袋。

(二)菌种准备

选择与本地区气候和菇场小气候特点相适宜的高产优质菌种。目前在北方多选用 135、808、辽抚 4 号、灵仙一号等。菌种要求菌龄在 35～40 天,菌丝洁白,健壮浓密均匀一致,无褐色菌膜,无杂菌,培养基无萎缩干枯衰老现象。

(三)出菇场地准备

选择交通便捷、地势平坦,通风良好,没有病虫和杂菌污染源,水源充足,排水方便,偏沙性土质的地块搭建温室或冷棚做出菇棚。

(四)菌棒制作

1. 栽培原料的选择与配制

使用壳斗科麻栎、栲树、米槠、青冈栎等树种的木屑栽培香菇，虽然菌丝生长速度慢些，但菇质好。而其他材料质地较软，虽然菌丝生长速度快，但因木质素含量较低，得到的是劣质菇。在资源贫乏的地方不能用木质素、纤维素含量较低的软质材料完全取代木屑，至少应添加30%～40%的木屑，否则菇体质量差，脱袋出菇时菌棒易散。通常采用不同粗细的木屑颗粒搭配，才能使菌棒内有适宜的孔隙度、溶氧量和较高的持水性。配料前应将木屑用2～3目的铁丝筛过筛，防止树皮等扎破塑料袋。

麦麸、玉米粉等必需新鲜、干燥、不霉变，石膏粉要用无水石膏粉，要特别说明的是主料木屑最好是新、陈木屑各一半。

常用的配方：

①木屑80%、麸皮(细米糠)19%、石膏1%。料的含水量55%～60%。

②木屑78%、麸皮16%、玉米面2%、糖1.2%、石膏2%～5%、尿素0.3%、过磷酸钙0.5%。料的含水量55%～60%。

③木屑78%、麸皮18%、石膏2%、过磷酸钙0.5%、硫酸镁0.2%、尿素0.3%、红糖1%。料的含水量55%～60%。

④棉籽皮50%、木屑32%、麸皮15%、石膏1%、过磷酸钙0.5%、尿素0.5%、糖1%。料的含水量60%左右。

⑤木屑36%、棉籽皮26%、玉米芯20%、麸皮15%、石膏1%、过磷酸钙0.5%、尿素0.5%、糖1%。料的含水量60%。

根据当地资源情况选择配方。拌料时先将辅料混合拌匀，再与木屑等主料一同倒入搅拌机混合搅拌，含水量要求55%～58%。

2. 装袋

选用规格为17厘米×55厘米、18厘米×55厘米、15.5厘米×55厘米，厚0.055毫米优质低压聚乙烯折角袋，要求厚薄均匀，没有沙眼，不漏气。

用机械装袋，整个装袋工作为流水作业一般由4～6人完成。装料要求松紧适度，袋壁要光滑，没有空隙，装料高度以离袋口8～10厘米为宜。料装好后用扎口机扎好袋口，或用绳将袋口系紧，操作过程中要注意轻拿轻放，避免弄破料袋。

从开始装料到装料结束尽量不要超过4小时，做到当天拌料当天装袋当天灭菌。拌好的料不能堆积过夜，否则培养料容易酸败变质。

3. 灭菌

采用常压灭菌方法，17 厘米×55 厘米与 18 厘米×55 厘米的大袋灭菌量为 4 000 袋/锅以内，快速升温至 100 ℃，当温度到 100 ℃后，维持 20～26 小时，中间不能降温，最后用旺火猛攻一会儿，再焖 6 小时以上出锅。要求当天装料当天灭菌，以免料变酸变质，并注意排净冷气，防止出现灭菌死角。

4. 接种

(1)接种准备　接种通常在接种室或塑料接种帐中进行，先对接种室进行彻底消毒，并用 0.1%新洁尔灭溶液或 2%～3%来苏尔溶液拖干净。将灭好菌的料袋及时送到已经消毒处理过的接种室码堆，待培养料温度下降到 28 ℃以下，连同接种工具、菌种等进行熏蒸消毒。在料袋堆的行间过道上，放上气雾消毒剂，用塑料膜罩住料袋堆(使其呈密闭空间)，熏蒸消毒 1.5 小时后接种。

(2)菌种和工具消毒处理　接种人员在更衣室换上干净的服装并戴好口罩，将双手用水冲洗干净，再用 75%的酒精棉球擦拭双手，菌种袋外表面擦拭消毒后放置在经过消毒处理的专用盆内，并对接种工具进行灭菌处理。

(3)打穴接种　香菇料袋多采用侧面打穴接种，要几个人一组配合。接种操作工使用蘸有消毒液的棉团将待打孔面擦拭一遍，然后用火焰灭菌过的专用电钻在袋侧面的一条线上打接种穴 4 个，或一侧 3 个，另一侧 2 个，孔深 3～4 厘米，直径 2～3 厘米，两端接种穴尽量靠近料棒扎口的一端。接种人员将菌种掰成锥形，塞入孔内，接种口要紧实饱满，压实，菌种与料袋表面持平，再套一个聚乙烯塑料筒，并将口扎紧，或分层用地膜进行“滚膜法”封存。接种过程要求“准确”“快速”“动作轻”。

香菇打孔接种法打孔与接种时间稍长，污染率则会大大提高，规模化生产企业有的使用自动菌棒接种机。

(五)发菌期管理

接种后的菌袋应及时移入发菌室内，“井”形堆叠法，横直每行 3～4 袋，依次重叠至 10 层为 1 堆。注意堆叠时接种穴朝侧面排放，有利于通风，室内要求阴凉、干燥、空气新鲜。

香菇发菌期适宜条件温度为 22～26 ℃，空气湿度为 60%～65%，通风良好，黑暗或弱光。

接种后 1～6 天，是菌丝萌发和定植期，由于菌丝生长微弱，菌袋温度比室温低 1～3 ℃，温度控制在 28～29 ℃。每天要测定室温、堆温和袋温，其中以袋温为主调节室温和堆温。此时不宜移动菌袋，以防杂菌感染。3 天内不通风或少量通风。

接种后 7～10 天，菌丝向料内蔓延，袋温逐渐升高，将室温控制为 25～27 ℃，

培养室每天通风1～2次,每次约30分钟。第一次翻堆,如果气温过高,菌袋改为“△”形堆叠法

接种后11～20天,菌丝进入旺盛生长期,各种代谢活动加快,袋温高出室温1～5 ℃,要特别注意降温和通风。将室温控制在20～24 ℃,每天通风1～2小时。

接种后因菌丝大量生长,袋内氧气不能满足菌丝生长要求,需用刺孔的方法增加氧气。第一次刺孔的时间在菌丝圈直径为8～10厘米时进行。用消过毒的钢针在菌丝圈前沿2厘米左右处扎微孔3～4个,孔深1厘米。当接种穴之间的菌丝相连时,进行第二次刺孔增氧,扎一圈4～5个微孔,孔深约2厘米。当菌丝发满袋时,在菌袋周身刺孔,刺孔的数目及深度,视温度及菌丝生长情况而定。温度高时多刺孔、深刺孔,反之少刺孔、浅刺孔。刺孔后,菌丝加速生长,菌袋温度会骤然升高。此时要加大通风量,并疏散菌袋,防止烧堆。经30～50天,菌丝长满菌袋,待菌袋内壁四周菌丝体出现膨胀,有褶皱和隆起的瘤状物,且逐渐增加,占整个袋面的2/3,手捏菌袋瘤状物有弹性松软感,接种穴周围稍微有些棕褐色时,表明香菇菌丝生理成熟,可进菇场脱袋转色。

(六)脱袋排场

1. 搭建立棒排放架

立架材料采用木桩及防老绳,立架采取棚长向,在大棚的两端对应打下木桩,木桩高出地面30厘米,在对应的两根木桩上系紧防老化绳,每根绳间距25～30厘米,出菇棚两侧4根绳一组,中间2排10根绳一组,每组绳间距2米加一半“工”字形钢筋架支撑,组间留人行道,宽50厘米,大棚两侧4根一组,计4组。

2. 脱袋立排菌棒

气温15～25 ℃时,将菌袋运到菇棚,用消毒刀沿菌袋纵向刺破袋壁,剥去薄膜脱袋,按5～8厘米的间距,70°～80°斜靠在绳上。脱袋立排菌棒要快,排满一畦,马上拱起畦顶,罩上塑料膜保温保湿。

(七)转色期管理

待菌棒全部排好后,菇棚温度17～20 ℃,不要超过25 ℃,光线要暗些。

前3～5天尽量不要揭开畦上的罩膜,畦内的相对湿度85%～90%,塑料膜上有凝结水珠,使菌丝在一个温暖潮湿的稳定环境中继续生长。在此期间如果气温过高、湿度过大,需在早、晚气温低时揭开畦的罩膜通风20分钟。注意在揭开畦的罩膜时,温室不要同时通风,将两者的通风时间错开。

排场5～7天时,菌棒表面长满浓白的绒毛状气生菌丝,要加强揭膜通风的次数,每天2～3次,每次20～30分钟,增加氧气、光照(散射光),拉大菌棒表面的干

湿差，限制菌丝生长，促其转色。

第7～8天开始转色时，可加大通风，每次通风1小时。结合通风，每天向菌棒表面轻喷水1～2次，喷水后晾1小时再盖膜，连续喷水2天，至10～12天转色完毕。

由于播种季节不同，转色场地的气候条件特别是温度条件不同，转色的快慢不大一样，具体操作要根据菌棒表面菌丝生长情况灵活掌握。

（八）出菇管理

1. 催蕾期管理

香菇是变温结实性菌类，一定的散射光、温差和新鲜空气有利于子实体原基分化。这时，揭去畦上罩膜，出菇棚温度最好控制在10～22 ℃，温差5～10 ℃。如果自然温差小，还可借助白天和夜间通风的机会人为拉大温差。空气相对湿度维持在90%左右。条件适宜时，3～4天菌棒表面褐色的菌膜就会出现白色的裂纹，不久就会长出菇蕾。

此期间要防止空间湿度过低或菌棒缺水，以免影响子实体原基的形成。出现这种情况时，要加大喷水，每次喷水后晾至菌棒表面不黏滑，但却潮乎乎的为止，然后盖塑料膜保湿。也要防止高温、高湿，以防止杂菌污染，烂菌棒。一旦出现高温、高湿时，要加强通风，降温降湿。

2. 子实体生长期的管理

菇蕾分化出以后，进入生长发育期。不同温度类型的香菇菌株子实体生长发育的温度是不同的，多数菌株在8～25 ℃的温度范围内子实体都能生长发育，最适温度在15～20 ℃，恒温条件下子实体生长发育很好。要求空气相对湿度85%～90%。随着子实体不断长大，呼吸加强，二氧化碳积累加快，不仅要加强通风，保持空气清新，还要有一定的散射光。

3. 采收及转潮期管理

整个一潮菇全部采收完后，要大通风一次，晴天气候干燥时，可通风2小时；阴天或者湿度大时可通风4小时，使菌棒表面干燥。然后停止喷水5～7天，让菌丝充分复壮生长，待采菇留下的凹点菌丝发白，就给菌棒补水。以后每采收一潮菇，就补一次水。

三、反季节香菇栽培

香菇反季节种植，出菇季节正好与大面积常规栽培相反，不但打破了香菇栽培的时间限制，填补了市场空白，使香菇实现了周年生产，而且香菇的产量、质量和效益大幅度提升,可有效提高了产品的市场竞争力。

(一)生产安排

各地应因地制宜根据栽培方式,对照当地气候、行情的走势,进行小幅度的调节生产时间,尽可能地让价格相对高一些。一般华北地区10月中旬至翌年3月末为养菌期,4月中下旬菌棒入棚脱袋出菇,5月批量出菇,9月结束。东北地区一般在10—12月生产菌棒,5—10月菌袋进棚,脱袋排场后转色出菇,夏季盛产,可延续至翌年1月产季结束。

(二)栽培准备

1. 栽培场所准备

选择阳光充足、冬暖夏凉、地势平坦、通风良好、排灌方便、环境卫生的地方搭建双层菇棚。出菇棚由上下两层拱架棚组成,外拱棚和内拱棚皆用遮阳网和塑料薄膜覆盖,内拱棚为保温保湿棚,外拱棚可根据季节温度变化和出菇状况选择揭开或覆盖塑料膜,达到遮阴及保温作用的可调性。棚内出菇架架高1.65米,每架7层,每层间距25厘米,顺棚向安装3排出菇架,两排之间留70厘米过道。也可用冷棚做出菇棚,采用立棒或层架出菇模式。

2. 菌种选择

选择耐高温、转潮快、商品性好,抗逆性强,生命力强的菌龄短高温品种或者广温型品种,菌龄在45~50天,如808、辽抚4号、238、241-4、南山一号、秋1等。

3. 菌袋制作

常用配方:

①阔叶硬杂木屑80%、麦麸17%、石膏粉1.5%、红糖1.5%。

②阔叶硬杂木屑78%、麦麸16%、玉米粉3%、石膏粉1.5%、红糖1%、过磷酸钙0.5%。

③阔叶硬杂木屑77%、麦麸18%、玉米粉3%、石膏粉1.3%、磷酸二氢钾0.2%、碳酸钙0.5%。

具体选用哪种配方可以根据当地的资源条件择优选用,菌袋制作参照相关内容。

(三)发菌期管理

菌丝萌发初期,发菌棚内温度控制在18～22 ℃,空气湿度自然状态(30%～45%)。

接种1～10天后,可以明显看到菌丝恢复,接种块定植后,开始向栽培料蔓延,在此期间无须补充新空气,随后应逐渐增加新风量,二氧化碳浓度一般控制在

0.3%以下，重点防止链孢霉发生。

15～20天后菌丝便可长出接种点，接种穴菌丝直径达3～5厘米时第一次倒剁，倒垛时发现有杂菌感染的菌袋，要根据感染情况采取不同方法及时处理。菌丝直径8～10厘米时生长量增加，呼吸强度加大，要注意通气和降温。二次码垛时，菌袋改“井”字形摆放，垛间要留有通风道，倒垛时上下层菌棒，要交换码放，以便于发菌的同步性。昼夜开动通风器进行通风换气，使菌棒内温度不超过28 ℃，防止高温烧菌。

当菌丝圈生长到相互连片直径达8～10厘米时，扎微孔，俗称“放小气”。每棒刺孔20～30个，孔深2.5～3厘米。此时，应加强通风降温，发菌场地的温度控制在25 ℃以下，第一次刺孔后20天左右，菌丝便可长满菌袋。

菌丝满袋，瘤状物占菌袋1/3时进行第二次刺孔，二次刺孔通常使用刺孔机，每袋刺孔60～90个，孔深4厘米左右，刺孔后由于菌丝生长产生的热量多，此时管理的重点是通风降温，空气相对湿度控制在70%左右，菌棒内部温度不超过25 ℃，防止造成高温烧菌。

由于菌袋的大小和接种点的多少不同，一般要培养45～60天菌丝才能长满袋。这时还要继续培养，待菌袋内壁四周菌丝体出现膨胀，有褶皱和隆起的瘤状物，且逐渐增加，占整个袋面的2/3，手捏菌袋瘤状物有弹性松软感，接种穴周围稍微有些棕褐色时，可进菇场转色出菇。

为了克服暴出菇和白棒出菇的弊端，养菌后期的通氧和倒垛操作一定要轻拿轻放，防止惊蕈影响菌棒转色。

(四)转色期管理

菌棒在室内发菌60天左右，进行转色管理。为防止暴出菇应该适当让菌皮长厚些。反季栽培环境条件相对比较恶劣，菌棒更加需要菌皮的保护。在转色期要定期通风，棚内温度不超过25 ℃，空气相对湿度70%左右，同时，给予适宜的散射光照，光照度为200～300勒克斯。当绒毛菌丝已覆盖培养料的全部颗粒，菌丝呈波皱状，并分泌褐色素，菌丝隆起面占50%以上，标志着菌丝已完全成熟，可以脱袋进棚上架。也可以转色前期不脱袋，当转色面达到80%以上，菇蕾将破皮而出时再脱。此外，如果菌棒受冷热及机械刺激，原基和菇蕾大量出世，应及时脱袋进棚上架，加强管理，减少畸形菇。

(五)出菇期管理

转色后的菌袋在4月到了出菇期，选择晴天的早晚入棚上架。出菇棚温度最好控制在10～22 ℃，空气相对湿度维持在85%～90%，利用加大昼夜温差或刺孔振动,促使菇蕾发生。处理好温度、水分、通风、光照之间的相互协调关系,确保菌肉厚实、菇柄短。

层架出菇时,当菌袋中菇蕾生长至1～1.5厘米时要及时割袋开穴。每袋留菇蕾4～6朵,去畸形弱小,留圆正粗壮的,而且要分布疏散均匀,尽量形成塔形。待菇蕾长至2～3厘米时,夜间掀开薄膜引冷空气进入菇棚,人为制造干冷空气条件,此时菌盖表面生长受阻,而菌肉细胞还在菇体内部分裂生长。菇体内外生长不同步,表皮胀裂、菌肉外露。进入出菇期后,避免环境湿度过低或菌棒缺水,每天通过适时通风、喷水、降温促进菇蕾健壮生长,为子实体原基的形成创造良好的条件。

(六)采收与转潮期管理

夏菇大多是鲜销,所以采摘前数小时不能喷水喷雾,以减少菇体的含水量,延长保鲜时间,采摘时菇柄不能残留在菌棒上,也不能碰伤菇盖和周围小菇蕾,轻放周转筐里,及时放入保鲜库打冷、降温保存,然后根据市场需求标准分选销售。

采收后停止喷水,晾棒,每天通风1～2次,促使菌丝体恢复生长,积累营养。1周后,采菇穴内菌丝开始发白时注水。注水应在上午9点之前和下午4点之后,第一次补水应为菌棒原重量的70%～80%,宁少勿多。同时利用北方昼夜温差大的气候特点拉大棚内温差,诱导第二潮子实体形成。以后每潮菇采收后,都要先让菌棒恢复菌丝生长,积累养分,再进行注水,使菌棒含水量达50%～60%,拉大棚内温差,进行下一潮香菇生产,反季可采收6～7潮香菇,10月下旬至11月上中旬结束。

第二节　黑木耳栽培技术

一、黑木耳的生物学特性

(一)形态特征

黑木耳菌丝体白色,紧贴培养基匍匐生长,绒毛状,毛短而整齐。菌丝不爬壁,生长速度中等偏慢。在温度适宜的情况下,约15天长满试管斜面。菌丝体在强光下生长,分泌褐色素,使培养基变成茶褐色。显微镜下,菌丝纤细,粗细不匀,分枝性强,常呈根状分枝,有锁状联合。

子实体新鲜时半透明,胶质有弹性,干燥后缩成角质,硬而脆。子实体初生时为杯状,后渐变为叶状、浅圆盘形、耳形或不规则形。耳片分背腹两面,腹面也叫孕面，生有子实层，能产生孢子，表面平滑或有脉络状皱纹，呈浅褐色半透明状。背面凸起，青褐色，密生短绒毛。子实体单生或群生，单生的为耳状，群生的为菊花状。

(二)生长发育条件

黑木耳在生长发育过程中需要一定的生活环境条件，而影响其生活环境条件的因素涉及自然因素、物理因素、化学因素和生物因素，但对黑木耳生长起重要作用的因素主要有营养、温度、湿度和水分、空气、光照、pH。

(1)营养条件　黑木耳是一种腐生性很强的树木腐朽菌，只有在死的树木上才能生长。在自然界中，多生于栎、桦等阔叶树的枯木上。黑木耳所需的营养物质主要是碳水化合物、含氮物质、无机盐和生长素类。碳是菌丝细胞形成的物质基础和能量来源。碳源来自葡萄糖、蔗糖、淀粉、纤维素、半纤维素和木质素等。氮是构成黑木耳蛋白质及形成各种氨基酸必不可少的物质。含氮量高的物质有米糠、麸皮、豆饼等。无机盐是构成细胞和形成酶类的重要组成物质。无机盐中，以磷、钾、钙尤为重要。磷对核酸的形成起重要作用；钾对细胞的形成和呼吸起重要作用；钙对菌丝体及子实体的形成和生长发育起重要作用。石膏中的钙既可中和酸根起调节pH作用又可以提供钙源。此外，黑木耳的生长发育还需要微量元素，如铁、铜、锰、钴、锌等，不过，这些微量元素在普通水中就足以具备，不需要再额外添加。生长素类是核酸和维生素类形成的来源。尽管其需要量不大，但同样是黑木耳生长发育所必需的。生长素类在米糠和麸皮中含量较高，在配方中加入的米糠或麸皮里所含的生长素类完全可以满足黑木耳生长发育的需要。

(2)温度　黑木耳属中温型真菌类，其各生长发育阶段对温度的要求各不相同，一般菌丝在5～36 ℃均能生长，适宜温度为22～28 ℃，在此温度范围内，菌丝生长健壮，生活力旺盛。0 ℃以下，生长受抑制且不易形成子实体，高于32 ℃以上菌丝较细弱且容易衰老。子实体生长温度范围为15～32 ℃，以20～25 ℃最为适宜，温度超过33 ℃，子实体停止生长。

(3)湿度和水分　黑木耳在不同生长发育阶段对湿度、水分的要求不尽相同，黑木耳培养料含水量以55%～60%为宜。这样可提高透气性，促使菌丝面料的纵深发展，含水量超过70%时，培养料中氧气不足，就会影响菌丝呼吸，并易发生杂菌。子实体生长发育阶段，除维持相应的含水量之外，还需要一个多湿的环境，空气相对湿度保持在85%～90%，则子实体生长快，耳形大，耳肉厚，但湿度不宜过大，否则造成通气不良，妨碍菌丝呼吸引起子实体腐烂，而过于低(当空气温度低于70%时)子实体却又难以形成。

(4)空气　黑木耳是好气性真菌,菌丝体和子实体的呼吸作用要不断地吸入氧气,呼出二氧化碳。在制作菌种时,培养料、水和空气三者的比例要适当,注意培养料的松紧和含水量,保持一定的孔隙。满足菌丝对氧气的需要,这样才能使菌丝健壮生长。黑木耳在子实体生长阶段,即从营养生长转入生殖生长时,对氧气的需要略低,一旦子实体形成,其呼吸旺盛,对氧气的需求急剧增加,需要加大通风量,此时,栽培室内经常通风换气相当重要。同时,随着通风换气,也可以改变和调节温度和湿度,减少杂菌污染。这也同时调节了空气的相对湿度和温度,有助于减少病菌滋生。

(5)光照　黑木耳在较暗环境中菌丝生长良好,少量的散光对菌丝的发育有促进作用。但是,子实体在黑暗环境中很难形成,光线对子实体原基形成有促进作用,并与黑木耳的色泽有关系。光线充足的情况下,子实体颜色深,长得健壮肥厚;光线不足,黑木耳子实体颜色变浅,长势弱。因此在选择耳房时必须要考虑光照这一重要因素。

(6)pH　pH 是影响黑木耳新陈代谢的重要因素。菌丝生长在 pH 5～6.5 的微酸环境下最为适宜。黑木耳喜欢偏酸的环境,是因为其分解纤维素、半纤维素、木质素碳源和能源时,所需的纤维素酸在偏酸性的条件下活性最高,分解能力最强。在配制培养料时,必须注意 pH 的调整。因为培养料在灭菌后 pH 下降,同时在培养过程中,由于生物体自身产生多种有机酸,使 pH 降低,所以在配制培养料时,应该使 pH 适当高些。另外,为防止培养料偏酸、偏碱,在配料时可加入 1%左右的石膏粉(即硫酸钙)或碳酸钙,这两种盐类对 pH 的变化有缓冲作用。

(三)品种分类

黑木耳的品种根据栽培方式可划分为段木种和代料种两大类型。一般段木种只适于段木栽培;而代料种都是从段木种中筛选和驯化而来的,因此,代料种可代料栽培,也可段木栽培。目前,常见的段木种有黑 4 号、吉黑 181、吉黑 182 等。代料栽培黑木耳菌种常见的有黑 29、黑威 981 号、延边 7 号、宏大 2009、8808、黑威 15 号、黑威 16 号、长白山 7 号、长白 10 号、牡 2008-4、新世纪 4 号、黑丰 1 号、黑 958、黑 931、新科等。各地应根据当地气候特点及市场需求选用适合的菌种。

黑木耳品种按照色泽可分为黑色品种和褐色品种。

黑木耳品种按其形状可分为菊花形和多片形,袋栽木耳一般选择多片形。

黑木耳品种按其后熟所需的温度不同,可分为早熟种、中熟种和晚熟种。早熟种一般菌丝快长满袋时划口,即可出耳,此时产量也最高,如果不及时划口就会影响产量；晚熟种菌丝长满袋后需要后熟过程，如果提前划口，容易染菌。在北方春季生产，发菌期在冬季，为充分利用培养室，降低生产成本，最好进行早、中、晚品种搭配。

(四)常用品种的特征特性

(1)黑 29　晚熟，子实体簇生，根细片大，黑褐色，呈碗状，背部有筋，弹性好，商品价值高，耐高温。抗杂性强，高产。

(2)黑威 981 号　中晚熟品种，出耳适温 15～27 ℃，子实体聚生，牡丹花状；子实体大片型，耳片呈碗状，正反面差异大，肉质厚，耐高温。抗杂能力强，生物转化率高。

(3)林科 3 号　中晚熟品种，出耳适温 15～27 ℃，色黑肉厚，圆边，腹面灰色，筋脉多。抗杂，耐水性较好。

(4)长白山 7 号　中温晚熟品种，出耳温度 8～26 ℃，有效积温 2 200～2 300℃，后熟 30 天，单片肉厚，颜色稍黄，15 ℃后熟 40～50 天，10 ℃后熟 60～70 天。

(5)延明 1 号　中晚熟品种，后熟 30 天，半菊花状，耳根细，朵大肉厚。抗烂耳、抗杂、高产。

(6)大院 18 号　中晚熟品种，出耳温度 15～25 ℃，有效积温 1 800～2 100 ℃，菌丝长满袋后 20 ℃需，后熟 20～30 天，抗逆性强，半菊花状，耳根细，朵大肉厚，色黑。抗烂耳、抗杂、高产。

(7)延农 11　中晚熟品种，出耳温度 15～25 ℃，后熟 20 天，半菊花状，朵大肉厚。

(8)丰收 2 号　中温中早熟品种，出耳温度 15～25 ℃，菌丝长满袋后，20 ℃需 20 天熟，从接种到采收 115～120 天，耳片厚，有耳筋，单片鲜重 150～180 克，色黑，口感好。抗杂菌、抗病虫害，抗烂耳能力较强。

(9)黑威 15 号　中熟品种，子实体为单片单生。耳片大小适中，无根，碗状或贝壳状。干耳背面黑灰色，腹面黑色。耳片边缘圆整，基部筋脉明显。适合小孔出耳，出芽快，出耳整齐，主要适于东北及山东、陕西、河北等地区春、秋季栽培。

(10)丰收 2 号　中熟品种，出耳适温 15～27 ℃，出耳快，开片好，子实体多片丛生，耳状圆边，色黑，肉厚，背部细筋较多。抗杂力强，抗烂，商品性好。

(11)牡耳 2 号　中熟品种，菌丝体在培养基上生长整齐、粗壮。子实体单片、根小、色黑、碗状、圆边、褶皱少，耳片腹面呈黑色，光滑，发亮，背部淡黑色有毛。出耳温度 13～30 ℃，最适宜温度 25 ℃，适于黑龙江省各县市以及山区半山区栽培。

(12)牡耳 1 号　早熟品种，耳根小，朵形好，有明显轮状脉纹，耳片边缘整齐，弹性好，腹背两面色差明显，耳片颜色为黑色，成单片，肉厚。

(13)新世纪4号　早生快发,出耳齐,品质优,黑、厚、单片。耐水抗逆性强。

(14)黑威16号　色黑肉厚,出耳快,筋脉适中,圆边,产量高。抗杂性强,适应性广。

(15)宏大2009　出耳适温13～25 ℃,子实体单片聚生成朵,根细,耳片色黑,形状耳形、碗形、圆形,易分割成单片,耳片腹面呈黑色,光滑,发亮。背部暗褐色密被暗灰色毛,筋脉较多。抗病性较强。

(16)黑木耳1号(8808)　菌块周围产黑色或黑褐色色素斑,不易扩散,子实体簇生、菊花形,背部黑褐或浅褐色,耐低温,出耳适温20～25 ℃。

(17)黑916　中熟品种,出耳温度15～25 ℃,菊花状,后熟30天,朵大、肉厚,高产、抗杂。

二、立式地栽黑木耳

(一)栽培季节确定

根据黑木耳出耳季节和出耳温度不同将木耳分为“春耳”“伏耳”和“秋耳”。“春耳”是在春季(5—6月)出耳,出耳温度适中,耳片较肥厚,质量较好;“伏耳”是在夏季伏天(7—8月)出耳,出耳温度高,生长快,耳片薄,口感差,质量差;“秋耳”是在秋季(8月下旬至10月)出耳,出耳温度低,生长缓慢,耳片肥厚,质量好,但产量低。

我国北方地区春季栽培黑木耳(春耳)要在第一年的10月上旬开始生产二级原种,11月末或12月初开始生产三级菌,至第二年的3月中旬结束,4月下旬至5月初进行打孔催芽,5月末至6月初进行大田管理工作,6月末采收结束。栽培过晚或遇到气候异常情况,会形成“伏耳”,“伏耳”质量差。

秋季栽培的黑木耳(秋耳)要在每年3月生产二级原种,4月下旬至5月末生产栽培袋,6月培养菌袋,7月10日前打孔催芽,9月中旬至10月下旬采收结束。

(二)品种选择

黑木耳主要分成朵状和片状两种,其中又分为早熟、中熟、中晚熟、晚熟等。在产量上朵状品种高于片状品种,从市场销售价格看,颜色黑、根小、单片、耳厚、碗状、筋少、圆边单片木耳品种畅销,常用的品种有黑29、延明1号、黑916、延农11、长白山7号等。最好早、中、晚熟品种搭配。11—12月中旬生产晚熟品种,12月中旬至翌年2月初生产中熟品种,最后生产早熟品种,这3个品种虽然生产菌袋时间不同,但都可以4月打孔,并能同时出耳。

(三)菌袋制备

代料地栽黑木耳主要使用原材料是阔叶硬杂木屑,有自然带锯末木屑和切粉机粉碎木屑两种。自然带锯末粉碎木屑颗粒小，拌料后含水量大，通风条件差；切粉机粉碎木屑颗粒大，不易吸水，拌料后含水量小，但通风好，所以代料栽培黑木耳最好是两种木屑混合使用，最佳比例是粗木屑占 30%～40%，细木屑占 60%～70%，这样搭配可以解决培养料中水分与通气之间的关系，辅料比地栽多 10%～15%，培养料含水量 60%～62%，这样通气好，能降低污染率，提高产量。常用的配方有：

阔叶树木屑 79.5%，麸皮 15%，石膏粉 1%，生石灰 0.5%，豆饼粉 2%，玉米面 2%。

硬杂木屑 74.5%，稻糠 20%，豆粉 2%，玉米面 2%，石灰 0.5%，石膏 1%。

可根据当地资源情况灵活掌握。

主料、辅料和水充分混拌均匀，小孔栽培拌料水分应略大一点(63%～65%)，以袋底“发黑”，留有几毫米的水渍为好。这样灭菌更彻底，还可减少菌袋萎缩和烂袋。同时，出耳快且齐，提高小孔栽培的产量。拌料是否均匀可通过袋底积水来判断，袋底水渍一样高，说明拌料均匀；水渍不一样高，说明拌料不均匀。

选用袋料亲和力好的优质薄聚乙烯袋，规格为折径 16.5 厘米、17 厘米，长 33 厘米、35 厘米，每千袋重约 2.6 千克，这样的袋子比较薄，收缩性好，能保证料与袋不分离，减轻“脱壁”现象，由料挤袋变成袋贴料，装松长实，料缩袋缩。因袋子薄容易损坏，故装袋机应选用防胀的，尽量将料装紧实。大规模生产可用窝口机窝口，上部袋料紧贴不易分离，而且能降低杂菌污染，提高成品率。

菌袋灭菌一般使用常规方法，出锅时要趁热将筐搬到接菌室或培养室，刚出锅的菌袋发软，这时从筐中将菌袋拣出，易使菌袋变形，造成袋料分离，要等菌袋稍凉变硬后再从灭菌筐中拣出，最好在筐中接种。

(四)发菌管理

培养菌袋进入培养室前要对培养室进行消毒，首先用药剂喷洒，其次将培养室升温到 25 ℃，密闭门窗 24 小时，最后用气雾剂熏蒸 24 小时。发菌前一天，再消毒一次，确保培养室处于相对无菌状态。当发菌室温度调节到 25 ℃，空气相对湿度降到 60%以下时，就可将菌袋搬运至发菌室。

菌袋摆放时每层菌袋的上部与培养架之间要保留 10 厘米以下的通气空间，菌袋中间要留一定空隙，保证空气流通。菌袋码放不能高于 5 层，防止将菌袋压扁变形，造成袋料分离和影响机械刺孔。

1. 发菌前期管理

菌袋进入养菌室第 1～20 天为发菌前期，发菌初始阶段室温不超过 28 ℃，使菌种迅速定植萌发，7 天后室温降到 26 ℃，15 天后降到 25 ℃，20 天温度降到

23 ℃。发菌7天后开始通风换气,每天早上7点,下午5点各通风0.5小时,10天后开始用微风吊扇让菌室内上、下层空气循环,以保持上、下层菌袋温度相对一致。第15~20天翻堆一次。此期间避光培养,空气相对湿度保持在60%左右,经常检查菌袋发菌情况。

2. 发菌中期管理

菌袋发菌第21~40天为发菌中期,菌丝生长快,发热量大,需特别注意散热。且逐渐将室温降到20 ℃,每7天翻堆一次,并加大夜间通风时间。

3. 发菌后期管理

菌丝长满袋,发菌第40~60天为发菌后期。培养室内温度降到16~18 ℃,促使基内菌丝旺盛生长,彻底分解基质。菌丝发满袋后,根据菌种特性和距刺孔时间控制温度。晚熟品种后熟一般需要600 ℃左右的积温,中熟品种需要400 ℃左右的积温,早熟品种不需要积温后熟,要低温保藏或长好就刺孔。

(五)出耳前的准备

1. 准备用品

准备场地1亩,3米长的草苫子200片或备有足够的遮阳网,微喷管200米,纱窗或晾耳筛子10米^3,与床等长等宽的塑料膜210米。

2. 制作耳床

选择环境清新、地势平坦、水源充足、排水良好、用电运输方便的地块。老出耳场地每年要用旋耕机旋耕,将地表杂菌翻入土内失去活力。

南北向或顺坡做畦床,畦床长因地制宜,一般宽1.6米,作业道宽40厘米,高20厘米。场地四周应挖排水沟,避免积水。

3. 铺设雾喷设施

安装时,主管连接水源,与菌袋摆放的横向一致。一般每个摆放单元安装1~2条幅宽5厘米软质自动喷雾管,催芽期微孔口面朝下,润湿床面,待耳芽出齐、封住割口后,返微孔口面向上,雾化喷水管理。设自动喷水管,催芽期可侧沟内铺膜灌水,以宽膜罩沟保湿。几个单元设置一个分控水阀,或者生长一致的同一管理区域设置一个分控水阀。

(六)出耳管理

1. 困菌

春季以当地夜间气温连续10天高于5 ℃,秋季以当地白天最高气温连续10天低于35 ℃时,将菌袋拉到栽培场地,按2行4~5层摆放在耳床上,盖草帘复壮菌丝,经3~5天,待袋内菌丝反白,袋料紧贴,日最高气温稳定在10 ℃时开口。

2. 开口

小孔木耳多采用刺孔器刺孔，可根据种植习惯和管理水平，选择相应的开口形状和相适应的开口刀具。开口形状分为“Y”形、“＊”形、“|”形、“O”形，开孔前需要对刀具进行调整，保证排距相等，孔的深浅相同、大小一致。“|”形刀方向需要调整一致，保证开口方向垂直于菌棒。

“Y”形和“＊”形长出来的木耳根大，容易催芽，产量较高，适宜大筋品种。“|”形长出的木耳根相对小一些，催芽管理相对容易，适合半筋品种；圆钉口长出来的木耳耳片根小，适合微筋或无筋木耳品种。

“Y”形、“＊”形、“O”形直径为4～5毫米为宜，开口深度6～8毫米，“|”形线口长7～8毫米，深6～8毫米为宜。春耳生产孔排距1.8～2.0厘米，孔距2.0厘米，秋耳生产孔排距1.5～1.8厘米，孔距2.0厘米。料高22厘米袋开口数量270～330个。

刺孔前对菌袋消毒，刺孔时每隔半个小时用2%石灰水或0.5%高锰酸钾溶液擦洗开口机的刀轮，以防止杂菌侵染菌棒开口处。

3. 摆袋

(1)集中摆袋法　先将宽2米的有孔的黑地膜或黑白膜压好地膜一头铺平，边铺膜边摆袋，“品”形袋口朝下摆放，袋距2～3厘米，育耳完成后分床。一般集中育耳每隔1～2床摆一床，叫母床；育耳后向两侧分床，两侧的叫子床。摆好后盖塑料、草帘，保湿催芽。

(2)直接摆袋法　开口后的菌袋袋口朝下立袋摆放在事先做好的耳床上，1.6米宽床摆放8行菌袋，菌袋行距、间距5～10厘米，呈品字形摆放，每床延长米摆40个菌袋，每亩可以摆1万～1.3万棒。摆袋时袋底朝下。要求行距、间距保持一致。

菌袋摆放完成后，在菌袋上再覆盖一层带孔地膜，在地膜上覆盖遮阳网或草帘。

4. 催耳期管理

催耳期温度控制在15～25 ℃时，前3天不需要浇水。催耳期菌袋开口处由黑色转为白色，白色逐渐转为黄色，黄色转为褐色，褐色转为黑色，直至木耳原基形成，此期间可适当小量喷水、保温，保持畦面空气相对湿度65%～75%，温度15～25 ℃，以18～23 ℃最佳。隔2～3天，在无风早晚时将塑料膜掀起通风，只要温度不超过25 ℃，无须天天通风。10天左右长出黑耳芽时，催耳完成。

集中催耳时，当黑色原基封口后，最好原基上分化出锯齿状曲线耳芽时揭开草帘，疏散出耳。此时应把喷水口调至往上喷，把每床的微喷带接头安装并对接封闭好。

5. 耳芽期管理

从分床后1～20天为耳芽期。床温低于18 ℃,加盖薄膜增温;床温超过25 ℃,加盖一层草帘遮阳降温保湿。每天上午5～10点,下午5～8点浇水,1次/小时,9次/天,15～20分钟/次,要求水温与环境温度相近。待原基长至1～1.5厘米时,适当加大通风量,可在清晨和傍晚卷起草帘两端,从床侧加强通风,每次1～2小时,间隔2～3天通风1次。草帘厚或连阴天,早晚可揭开草帘通风透光。

6. 子实体生长期管理

从伸展出小耳片到耳片充分展开这一阶段称为子实体生长期。主要是逐渐加大喷水量,加大空气相对湿度到90%以上,加大通风量,保持床温15～25 ℃,采用定时器控制喷水,每浇水10分钟停40分钟,浇水时间上午4～9点,下午5～8点。

在水分管理上,遵循"干长菌丝,湿长耳"的规律,坚持"看天气看温度浇水、看耳看菌定量、细水勤浇、干透湿透"的原则,灵活掌握。一看天气浇水:晴天温度高,可适当多浇水,阴雨天可少浇或不浇;二看温度浇水:气温低时,早晚不浇水,白天温度低于26 ℃时应间歇性连续浇水,中午温度高时更应勤浇水降温,待下午3～4点停止浇水,提高地面温度,使木耳晚上生长;三看耳片浇水:停水后如果耳片很快变干"显白"应继续浇水,反之不用浇水;四看菌袋浇水:当菌袋水分较大,菌袋较重时,应少浇或停止浇水;五要干湿交替:干可干2～3天,干得比较透,以耳根干为好,湿要把水浇足,细水勤浇,连浇2～4天,干湿交替,直到木耳生长结束。

7. 采收晾晒

当木耳展片直径为3厘米时就要及时采收,此时干耳直径2厘米左右,呈碗状、耳厚、形好、价高、好销;而当木耳长至5厘米以上,干耳多呈"耳"状或片状,售价要低很多,失去小孔单片木耳品质好、价格高的优势。小孔单片木耳不用剪根,一碰就掉,采摘时采大留小,不伤及耳芽。

摊于晾晒席(或沙网)上曝晒,2天后可晒干,装入塑料袋中防潮避光贮存出售。注意将拳耳、流耳、烂耳、未开片的木耳单独装袋贮存。

8. 转潮期管理

小孔栽培可采3～4潮耳,转潮期管理主要注意浇水和采收。

一潮耳采收完,一般在6月中旬,晒袋1～2天后浇水,浇水方法模拟下雨,要勤浇,加大浇水量,一般15天左右可采第二潮耳,此时在7月初,气温高,要及时疏耳,加强通风,防止白毛和流耳。二潮耳采收完就进入高温季节,可停止浇水,立秋前在袋顶划口，进行浇水管理，浇水量大一些，到上冻时还可采 1～2 潮耳，此时木耳少有连片，而且耳厚、色黑、售价更高。

三、黑木耳棚室吊袋栽培

(一)生产时间确定

东北春季栽培：菌袋接种期一般在 1—2 月，或前一年 11—12 月，晚熟品种需要 15～25 天的后熟期，生产期需提前。2 月下旬至 3 月上旬扣大棚塑料薄膜增温，3 月中下旬菌袋进棚刺孔催芽，4 月上旬开始挂袋出耳管理。4 月下旬至 5 月初开始采摘，6 月下旬至 7 月上旬采收结束。

秋季栽培：一般 3—4 月为栽培袋接种期，5—6 月为菌袋培养期及后熟期。7 月下旬至 8 月上旬进棚刺孔催芽和出耳管理，10 月下旬至 11 月上旬采收结束。

(二)菌袋制备

常用配方：

(1)木屑 86.5%，麸皮 8%，豆粉 2%，玉米粉 2%，石膏粉 1%，石灰 0.5%，含水量 60%～65%。

(2)硬杂木屑 84.5%，稻糠 10%，豆粉 2%，玉米面 2%，石灰 0.5%，石膏 1%，含水量 60%～65%。

(3)阔叶树木屑 69.5%，玉米芯 20%，麸皮(米糠)8%，豆粉 1%，玉米面 2%，石膏粉 1%，生石灰 0.5%，含水量 60%～65%。

配料时粗细木屑比为 70∶30，辅料比立式地栽高 10%～15%。

原料准备、拌料、装袋、灭菌、接种、培养可参照黑木耳立式地栽相关内容。

(三)菌种选择

在东北地区，早春利用棚室立体吊袋栽培黑木耳，产品销售价格高的原因有两个：一是抢早上市。与地栽相比强调一个“早”字，早增温，早开口、出耳，早采收，早销售。二是产品品质优。黑木耳的菌种一般选择早生快发，出耳齐，耳片厚，抗逆性强的中早熟品种，如牡耳 1 号、黑威 15、牡 2008-4，新世纪 4 号等品种。

(四)耳棚搭建

1. 大棚建设

出耳场地要求环境清洁卫生、水源充足、空气湿度大、通风好、避风向阳。

大棚结构以拱棚为主，钢架结构可用镀锌钢管和钢筋材料。大棚两头开门，门宽 2 米以上，棚宽 12 米，长 30 米，中间高度 3.4 米，边角高度 2.2 米。大棚南北走向，利于通风和降低棚内的湿度，菌袋受光较好。

大棚中间要有支柱，根据大棚的宽窄确定支柱数量。原则是要牢固，能承载棚膜、遮阳物和菌袋的重量。

根据大棚的宽度，在棚内框架上放置若干横杆，用于拴绑吊绳，每两个横杆一组，组内横杆间距 25～30 厘米，每组横杆之间留出 60～70 厘米的作业道，横杆的长度依大棚的长度而定。

2. 配套设备安装调试

(1)扣棚膜　两端棚头单独扣棚膜，棚身与两端的棚头棚膜为分体式，棚身两侧安装手动卷膜器，利于卷放棚膜、通风换气。棚四周边膜压严踩实。

(2)覆盖遮阳网　棚外覆盖遮阳网工作可在菌袋进棚前 1～2 天进行，选用透光率 30%的遮阳网，也要做到两端棚头单独扣遮阳网，棚身与两端的棚头遮阳网为分体式，便于卷放。

(3)微喷系统　在作业道上、下各铺喷水管线一条，上部微喷管每隔 120 厘米处按品字形扎眼，安上雾化喷头。下部放微喷水带。

(4)拴绑吊绳　菌袋进棚前，在棚架横杆上，每隔 20～25 厘米，按品字形系紧 2 根或 3 根细尼龙丝绳，底部的绳头打成活结。

(5)地面覆盖　菌袋进棚前，地面等面积铺置园艺地布、无纺布、草帘或新砖等，保持地面清洁，方便作业。

(五)开口封口期管理

1. 菌丝复壮与开口

吊袋木耳进棚时间要根据当地温度情况合理安排。北方春季一般在 3 月中下旬，将外购菌袋运到棚里，在地面铺设草帘隔寒，与大棚同向码垛放置，每排菌袋码 4～5 层，每两排为 1 垛，垛内置温度计，垛内温度 18～22 ℃，防止垛温过高烧菌。温度高的月份，将菌袋立放在大棚内，不堆积，以免堆内温度过高，影响菌丝生长。

棚顶覆盖遮阳网，棚内温度白天保持 22～25 ℃，夜间 15 ℃左右，湿度 80%。早期外界气温低，可以揭两侧遮阳网透光增温，菌袋垛上盖草帘遮阳，夜间草帘上覆塑料膜防寒。4～5 天后将菌袋上下对倒一次，同时严格检查菌袋，凡是存在菌种老化、污染、伤热、受冻、机械损伤、菌袋分离的菌袋，都要挑拣出来，移至棚外固定位置码放，避免相互污染。7 天后菌丝复壮变白，即可开孔。自繁菌袋，不需要长途运输，对菌丝损伤少，培养好的菌袋运进棚后，可直接用开口机开口。

2. 封口期管理

开口后将菌袋码跺放在大棚内，一般 4～5 层菌袋高为好，管理以控温、保湿为主，此期外界气温回升快，变幅大，避免堆温过高，棚内温度白天保持在 22～25 ℃，夜间 15 ℃左右，湿度 80%，散射光条件。通过卷放遮阳网、打开或关闭通风口来调控温度，开启雾化喷淋系统，或向地面、草帘喷水来降温保湿。持续 5～6 天，菌丝封住耳口，即耳线（珊瑚状黑线）形成，即可挂袋。

（六）挂袋

菌丝封口后，要及时挂袋，否则菌丝老化，影响出耳。选结实的尼龙绳，2 或 3 根绳一组拴系在横杆上，吊绳下端离地面 20 厘米，2 组吊绳间距 25～30 厘米。

二根绳挂袋：采用"单钩双线"挂袋，即将两根细尼龙绳拴在吊梁上，另一头系死扣，挂袋时先将一个菌袋放在两股绳之间，袋的上面放一个专用的长 4～5 厘米手指锁喉状铁丝钩，将绳向里拉，束紧菌袋，上面再放菌袋，菌袋上再放钩子，依此进行。

3 根绳挂袋：吊绳绑好后，把 7～8 个木耳专用三角穿在绳上，菌袋袋口朝下放在三根绳之间，用木耳专用三角进行隔离，依此类推，一直吊完为止。

挂袋密度为 70～75 袋/米^2，每串挂 7～8 袋，吊袋时每行之间应按品字形进行，袋间 20 厘米，行距 25 厘米，菌袋离地面 30～35 厘米。为了防止通风时菌袋随风摇晃，相互碰撞使耳芽脱落，吊绳底部用绳连接在一起。

（七）出耳期管理

催耳管理

（1）湿度管理　如果湿度小，打孔处会风干，造成出耳困难，挂袋后立即在地面喷水加湿，提高棚内空气相对湿度至 85%，才能出耳快、出耳齐。

耳基慢慢长大后，喷水量可稍多，以棚膜上有水珠，但不下滴，菌袋圆整光滑，表明湿度合适。如果湿度过大，要加强通风。如果棚膜上没有水珠，菌袋表面皱缩时，表明培养料缺水，棚内空气相对湿度过小，要减少通风量，开启雾灌设施，喷水补湿；如果菌袋光滑，说明培养料不缺水，应用地面喷水、洒水方式增湿。

（2）温度管理　菌袋挂袋 2～3 天内，不可以向菌袋浇水，温度控制在 22～24 ℃，如果白天棚内温度超过 25 ℃，会有利于耳芽形成，应打开棚膜通风降温，夜间温度保持在 15 ℃左右。

（3）通风管理　晴天，白天棚内温度高于 25 ℃时，打开两侧棚膜通风，通风口由小逐渐扩大，缓通风降温，增加氧气量，同时也要考虑喷雾增湿降温，根据棚内温湿度情况控制好通风时间；早晚温度低时，关闭通风口保温。阴雨天棚内温度低，减少通风时间，以保温为主。期间半透明、粒状的原基逐渐分化、伸展、膨大，持续 7～10 天，耳芽成绿豆大小。

（4）光照管理　晴天上午 9 点左右，棚顶覆盖遮阳网，控制光照，同时控制中午前后棚中的温度,下午 4 点后,揭开遮阳网;阴雨天不加盖遮阳网。

根据棚内温湿度情况控制好通风,期间半透明、粒状的原基逐渐分化、伸展、膨大,持续 10 天左右,就可看到菌袋打孔处变黑,现耳芽。

(八)耳片生长期管理

1. 温度管理

这阶段管理的重点是防止高温适当控制耳片生长速度,保证耳片长得黑厚,边圆。棚内温度在 15～25 ℃,在此温度范围内温度越高,耳片长得越快,但产量低质量差。反之,木耳生长慢,但产量高、质量好。

2. 湿度管理

幼耳期耳片边缘分化出耳片,并逐渐向外伸展时,空气相对湿度始终保持在 85%左右,使耳片边缘始终呈湿润状态。耳片生长旺盛期需要的氧气较多,呼吸旺盛,喷水量需逐步增加,可采取早、晚喷水,中午断水的措施,使耳片白天干边儿,晚间湿润。原则上棚内温度超过 25 ℃不浇水。早春一般在午后 3 点至次日上午 9 点,5 月后一般在下午 5 点至次日上午 7 点,采取间歇式浇水,每次浇水 30～40 分钟,停水 15～20 分钟,重复 3～4 次,使空气相对湿度始终保持在 90%～95%。耳片成熟期,此时耳片收缩,并开始收边儿起皱。应停止喷水,1～2 天后采收。

3. 光线管理

耳片生长期需要足够的散射光和一定的直射光。早晨比催耳期晚 1 小时上遮阳网,傍晚晚 1 小时打开遮阳网,增加光照时间和光照强度能促进耳片蒸腾作用,提高新陈代谢活力,使木耳变得肥厚、颜色深,呈深褐色,品质好。

4. 通风管理

耳片生长期呼吸作用旺盛,要保持棚内空气新鲜,应经常通风,满足黑木耳在新陈代谢中对氧气的需求,确保耳片正常生长。根据气温情况,一般浇水时放下棚膜,不浇水时将棚膜及遮阳网卷到棚顶进行通风和晒袋。喷水后通风,每天通风 3～4 次,天热时早晚通风,气温低时在中午通风。温度高、湿度大时还可通过盖遮阳网、掀开棚两侧塑料膜进行通风调节,严防高温、高湿。

(九)采收及转潮管理

一般在 4 月中下旬,黑木耳耳片长到 3～5 厘米,边缘内卷、有弹性,耳色由黑变成褐色,耳片舒展变软,肉质肥厚,耳根收缩变细,腹面产生白色孢子粉,说明黑木耳已经成熟,应及时采收。

耳片半干时采收干得快,不出拳耳,碎耳少,产量和品质都要比风干时采收好。

如果耳片较干,需在采收前喷一点儿水,让耳片回潮后再采收,以免弄碎木耳。采收时,如果多数耳片已经成熟,可一次性采完,如果耳片生长不齐,可采大留小。

木耳采收后,将大棚的塑料薄膜和遮阳网卷至棚顶,晒袋4～5天后,将膜和遮阳网放下处于通风状态,棚内温度不高于23 ℃,待菌丝恢复后,再浇水管理,即干干湿湿水分管理。按照前面介绍的管理方法经15～20天就能采收第二潮耳了。待采完2～3潮耳后,可以将吊绳上的菌袋落地,在顶端用刀片开"＋"形或"♯"形口,然后在棚内密集摆放,早晚浇水4～5次,每次浇水1小时,停30分钟。这样可以采干耳10～15克/袋。

"晒袋"管理是避免耳片发黄的关键措施。不见光、温度高、耳片生长速度过快是耳片黄、薄的主要原因。

第三节　平菇栽培技术

一、平菇的品种分类

1. 根据菌盖的色泽分类

平菇可分为黑色、灰色、灰白色、白色、黄色和粉红色等。

2. 按照孢子释放情况分类

平菇可分为有少孢品种、孢子晚释品种、无孢品种。

3. 根据子实体分化时期对温度的要求不同分类

平菇分为4种类群,即低温型、中温型、高温型和广温型。

(1)低温型　子实体分化的最适温度为10～15 ℃,如糙皮侧耳、紫孢侧耳、美味侧耳等。

(2)中温型　子实体分化的最适温度为16～22 ℃,如佛罗里达平菇、凤尾菇等。

(3)高温型　子实体分化的最适温度为22～26 ℃,如金顶侧耳、桃红侧耳等。

(4)广温型　子实体分化的适宜温度为8～34 ℃,四季均可栽培,如黑平AE、辽平四号、辽平五号、杂24、荷大叶、沈农1号、沈农916、沈农542、沈农026、沈农729、山大等。

近年来,平菇品种繁多,各品种对温度的要求也有差异,栽培时应根据气候条件选择温型不同的平菇品种。常见栽培品种生殖阶段对温度的要求见表5-1。

表 5-1　常见栽培品种生殖阶段对温度的要求　　℃

种类、品系		原基分化温度	子实体发育温度	最适温度	备注
低温型	粗皮侧耳	2～20	2～22	10～16	熟料
	冻菌	5～20	7～22	13～17	
	美味侧耳	5～20	5～22	10～18	
	阿魏平菇	0～13	5～20	15～18	
中温型	紫孢平菇	15～24	17～28	20～24	
	佛罗里达平菇	6～25	6～26	10～22	
	凤尾菇	15～24	8～26	18～22	
	金顶菇	15～27	17～28	20～24	
高温型	鲍鱼菇	25～30	25～33	25～30	熟料
	红平菇	15～30	20～28	25～28	
	盖中侧耳	22～30	22～34	25～32	

4. 平菇常见的种类和优良品种

(1)糙皮侧耳　又称平菇、鲍鱼菇、黄冻菌、杨树菇等。平常所说的平菇多指这个种，是目前广泛栽培的种类，主要是低温型和中温型品种。子实体大型，菌盖扁半球形、肾形、喇叭形或扇形至平展，初期蓝黑色，后渐变淡，成熟时呈白色或灰色。菌肉白色，肥厚，有菌香味。菌柄短，侧生或偏生，内实，基部常相连，使菌盖重叠。

(2)美味侧耳　又称白平菇、冻菌等。子实体菌盖扁半球形，伸展后基部下凹，幼时铅灰色，后渐为灰白色至近白色，有时稍带浅褐色。菌肉、菌褶白色。菌柄短，显著偏生或侧生。

(3)佛罗里达平菇　属低温型品种。菌盖漏斗或扇形，白色、乳白色至棕褐色。且色泽随光线的不同而变化。高温和光照较弱时呈白色或乳白色，低温和光照较强时呈棕褐色。丛生或散生。菌柄稍长而细，常基部较细，中上部变粗，内实。性状稳定、产量高、耐贮运。属中低温型平菇。常见的有中蔬 10 号、佛诱 1 号等。

(4)凤尾菇　又称漏斗状侧耳、环柄侧耳、环柄斗菇等，是一种栽培较为广泛的中温平菇。菌盖脐状至漏斗状，灰褐色，菌肉白色，有菌香味。菌柄短，侧生，内实，常具菌环。子实体单生、群生或丛生，是一种栽培较为广泛的中高温品种。常见的优良品种有：平菇 831 和 f327。

(5)桃红侧耳　又称红平菇,属高温型品种。子实体幼时鲜桃红色,成熟时褪至近白色。味道鲜美,有螃蟹味。常见的品种有:红平菇、福建桃红平菇、江西桃红。

(6)鲍鱼菇　菌柄短小、粗壮,菌盖呈暗灰色或褐色,成熟时菌褶边沿呈暗黑色。肉质肥厚,脆嫩可口,有独特的鲍鱼风味。

(7)金顶侧耳　又称榆黄蘑、金顶蘑、玉黄菇、黄冻菌、杨柳菌等,属高温型品种。菌盖呈漏斗形,草黄色至金黄色,菌柄偏生,白色至淡黄色,基部常相连。子实体多丛生,常发生在夏季及秋初季节。是一种高温型菌。一般在春初、夏末栽培。常见的品种有:农大榆黄96、东北榆黄蘑。

(8)姬菇　又称小平菇,是我国从日本引进的食用菌新品种,商品名称为玉蕈,在日本,姬菇与松茸相媲美。子实体菌盖较小,味道鲜美、品质细腻。常见的品种有:姬菇9008、姬菇8911、西德33、闵31。

平菇的品种很多,每年都有新品种推向市场,生产上以糙皮侧耳为主,但平菇品种同物异名现象较严重,在生产上应引起注意。

二、反季节平菇栽培

(一)平菇反季节熟料栽培生产工艺流程

料包制备—灭菌—出锅冷却—接种—养菌—出菇管理—平菇反季节栽培病虫害防治

平菇反季节生产时,为了提高产量可以添加3%～5%的豆粕,反季节出菇时天气炎热,为减少链孢霉污染一般不使用玉米面,常用配方如下:

硬木屑30%～35%,玉米芯45%～50%,麦麸15%～20%,豆粕3%～5%,白灰1%～2%,含水量63%～65%,pH 7.5～8

硬杂木屑要求颗粒不能太粗,否则容易戳破袋壁造成污染。玉米芯需提前预湿,夏季温度高使用0.5%石灰水预湿,预湿时间也不能太长,否则容易造成培养料酸化。玉米芯的颗粒也不能太大,一般筛网的直径在10～12毫米,既可以避免在塑料袋上戳出微孔,也可以减少预湿时间培养料酸化。由于高温季节培养料酸败的速度快,除培养料提高pH外,装袋时间还要尽量缩短,最好控制在4小时之内,并且越快越好。装袋后还要及时灭菌,尽快将温度升到灭菌目的温度。

(二)灭菌

菌包灭菌可以采用常压灭菌或高压灭菌,高压灭菌具有灭菌时间短、灭菌彻底、培养料不易酸败、营养损失小等特点,是高温季节灭菌的首选方式。但高压灭菌对设备和人员的要求较高,一般栽培户很难达到要求,也可以采用"太空包"常压灭菌方式。近年在实践中出现了一种借鉴工厂化灭菌改进而形成的新型常压灭菌方式,称为改进型“太空包”。改用框架结构,可以根据料包数量调整空间大小,内部地下的轨道可以移动,两边带绞盘,装好料包的灭菌瓶可以电动进锅,灭菌后电动出锅。具有进出锅方便、密封效果好、升温快、保温好等特点,灭菌方法和普通常压灭菌相同,使用时要注意排净冷空气,灭菌时间为10～12小时。

(三)出锅及冷却

无论是使用高压灭菌还是常压灭菌,最好等菌袋自然冷却再出锅,这样可以防止菌袋倒吸污染,如果生产安排紧张,不能自然冷却,就必须使用专用的冷却室进行冷却。冷却室可以使用制冷系统强制冷却,也可以在冷却室内自然冷却,但要注意保持冷却室的环境卫生,做到使用一次消毒一次,如果湿度过大,要及时通风、排湿,否则特别容易滋生杂菌。

(四)接种

菌袋冷却到25 ℃左右才可以接种,高温季节接种必须在专用接种室内进行,且室内需要安装空调,接种时接种室的温度要控制在20 ℃以下,可以最大限度地减少杂菌污染。

(五)养菌

夏季高温养菌最重要的就是避免“烧菌”,菌包培养阶段很容易遇到高温,在养菌过程中要避免菌包温度过高,菌袋摆放一般不超过5层。培养一段时间后要及时清理污染菌包,避免杂菌大量繁殖污染环境,也可以降低菌包温度,防止中间层菌包由于散热不利导致烧菌。

在高温夏季养菌过程最容易出现的杂菌就是链孢霉,链孢霉发病快、传播迅速并且很难根治,只能以预防为主,需要注意以下几点:第一,注意适当增加菌袋的厚度,尽量减少微孔的产生;第二,注意控制空气湿度,避免湿度过大,袋口积水;第三,如发现链孢霉污染的菌包,要及时隔离,防止杂菌扩散传播。

由于平菇抗杂菌能力较强,一般不严重的链孢霉污染,其菌包仍可正常产出菇,菌丝萌发良好的污染菌包隔离即可,不必在第一时间丢弃,但要经常对隔离区域进行消毒处理,并尽量远离正常接种及养菌区域,防止交叉感染。

(六)出菇管理

在高温季节获得叶片相对肥厚、菌盖不易开裂、菇体色泽较深、商品性好的优质平菇,除了品种选择好、基础设施到位外,最重要的就是出菇管理,好的出菇管理方法可以在同等的硬件条件下,产出更高品质的平菇。品质好的平菇市场更认可,价格也更高。因此管理出效益,在平菇的栽培中不仅同样适用,而且起着决定性的作用。

1. 出菇前场地的处理

菌袋进场前应对出菇场地进行彻底消毒(同样适用一场制),处理对象包括地面、墙壁、过道等。处理方法有药剂喷洒、烟雾熏蒸、紫外线臭氧处理等方法。处理过程如下:首先清理出菇场地卫生,清除杂物、灰尘等,在通风口及门窗安装防虫网,阻挡蚊蝇进入,其次在地面、墙面分别喷洒多菌灵、漂白粉或 84 消毒液,如果场地有蚊蝇,还需闭棚用杀虫药剂熏蒸处理。最后在地面尤其过道处撒上一层生石灰(或覆盖地膜便于清理),防止杂菌滋生。

2. 出菇前的菌包处理

当大部分菌包菌丝长满出菇袋 1 周左右,就可以进行出菇管理了,如果有个别菌包没有长满也不用理会,因为平菇要出多潮菇、出菇周期较长,在出菇过程中菌丝就会长满菌包,并不会影响产量。曾经有一些种植户提出了半袋出菇的方法,认为这样可以缩短出菇周期,但由于出菇和养菌阶段的管理并不相同,这样就很容易给后期出菇管理增加难度,因此不提倡这种出菇方法。

菌包进行出菇管理前,首先要考虑的就是菌袋的开口方式,平菇菌袋的开口方式有两种:一种是上套环覆盖报纸的方式,另一种是直接划口出菇的方式,这两种开口方式各有优缺点。

首先,上套环覆盖报纸的方式使菇蕾在小范围、小环境内集中出菇比较整齐,菇体商品性好,并且只需要将报纸喷水打湿后并一直保持报纸湿润即可保证出菇时所需要的湿度,不用在整个出菇环境中统一加湿,菇蕾产生后,幼菇可自行将报纸顶破,不必人工摘除,待幼菇长到袋外后,再按照正常进行加湿作业。二潮菇也只需清理袋口后重新覆盖报纸即可。这种方式的缺点是需要额外的套环和橡皮筋,并且用工量较大。

其次,直接划口出菇,就是出菇前直接在袋口划 1～2 个,2～3 厘米的小口(划口部位及数量根据实际菌包及菌包摆放情况而定),深度 1 厘米左右,划口一般采用竖划的方式,这样可以最大限度地减少后期浇水加湿时产生的袋口积水。划口出菇的最大优点就是节省人工成本,但缺点是不如套环出菇整齐,菇体品质也不如套环出菇好,尤其是在出二潮菇时,往往由于头潮菇采摘后菇根带出的培养料大小不等、袋口破坏程度也不一样等原因,给转潮后的出菇管理带来种种不便。

综合以上两种开口方式的优缺点,建议如果想生产出高品质的商品菇,采用套环覆盖报纸的出菇方法。如果人工费用高,并且对菇体品质要求不严的情况下,采用划口的出菇方式可以最大限度地降低成本。也可以两种方法交替使用,一般市场价格比较低的时候,采用划口的方式出菇,在出菇不易、售价较高季节采用套环的出菇方式,可以提高菇体品质,提高销售价格。

3. 出菇前期管理

由于平菇是变温结实性菌类,菌包长满菌丝后为使出菇整齐,应尽量拉大温差。拉温差可以使用在夜间温度较低时开启降温设备的方法,温差在 10 ℃以上效果最好。如果是夏季高温时段拉温差有困难,也可以使用深井冷水直接给菌包降温,也能起到拉大温差、刺激出菇的效果,但要注意不要将冷水直接浇到幼菇上,还要注意不要使袋口积水,否则在夏季高温季节容易引起细菌性病害。

光线可以刺激菌丝扭结并改善菇体色泽,但由于夏季气温高,不能利用自然光,因此给菇棚(房)进行人工补光非常必要(一般补光在白天进行)。

夜间应尽量避免补光,因为夏季蚊蝇较多,并且夜晚蚊虫活动频繁,蚊虫还有较强的趋光性,即便菇房(棚)有防虫措施,也无法完全避免蚊虫进入,一旦蚊虫在菇房内繁殖就会滋生病虫害。白天则蚊虫相对活动较少,因此从预防的角度来讲,应避免夜间除工作需要外的灯光使用。

平菇从菌丝扭结到形成幼菇一般要经过桑葚期、珊瑚期等阶段,如果是使用套环覆盖报纸的方式,菌丝扭结、原基形成几个阶段都是在套环和报纸之间的小环境内进行,一旦顶破报纸后就已经进入幼菇阶段,这个阶段要注意的就是避免给幼菇直接浇水,即便是雾状的水,也要避免湿度过大。因为幼菇期子实体生长速度快、需氧量大,如果湿度过大容易在幼菇的菇体表面形成水膜,并且由于幼菇抵抗力较弱,短时间的缺氧,就会使菇体萎缩死亡。此外,还要注意幼菇期要避免通风时温度过高,尤其是超过 25 ℃的干热风很容易将菇体表面的水分带走,使幼菇由于缺水发育不良直至萎缩。

4. 出菇中期管理

随着幼菇的逐渐生长,一般 2～3 天(根据温度)幼菇就可以生长成成菇,在这个阶段幼菇生长旺盛,需要大量的氧气和水分,因此这个阶段通风和加湿都必不可少。一般在白天室外温度较高时,应避免直接通风,可以使用辅助通风设备进行通风,保持菇房(棚)内空气清新即可。在白天为避免高温高湿的情况出现,一般不进行加湿,夜间室外温度降到 25 ℃以下时,可以采用全部通风措施进行大通风,通风前可以进行加湿,这时的湿度可以加大,即使菇体表面有液态水存在,只要及时通风,也不会影响菇体正常生长。加湿和通风要交替进行,先加湿后通风,加湿和通风的次数根据室外空气湿度决定,如果室外空气干燥,则增加加湿次数,如果室外湿度大,则减少加湿次数,通风保持不变;如果室外下雨湿度较大,则可以只通风不加湿。无论是采取什么模式栽培平菇都要避免浇"闭棚水",也就是一定要避免只加湿不通风的情况,加湿和通风一定要配合进行,一定要按照"通风多多加湿、通风少少加湿、不通风不加湿"的原则进行管理。

5. 出菇后期的管理

幼菇长成成菇后一般过 2～3 天就可以进行采收了，从成菇到采收前这段时间，除了按照出菇中期要求进行加湿、通风管理外，还要注意适当增加光照时间，以改善菇体色泽，提高商品价值。

在出菇后期还要注意由于菇体已经生长成熟，子实体已经具备了弹射孢子的能力，平菇的孢子弹射量在食用菌当中是比较大的。因此，在这个阶段中除了及早采收外，还要注意在进入菇棚（房）前要先通风 20 分钟，再进入菇棚（房）中进行工作，最好戴上过滤效果较好的口罩，避免由于吸入过量的孢子引起过敏咳嗽等症状。

6. 采收管理

反季节平菇采收要较普通季节平菇采收提前一些，提前采收可以提高商品性，也可以减少孢子的弹射，虽然采收提前，但由于高温季节平菇生长速度快，一旦采收不及时，孢子大量弹射，菇体的重量会迅速减轻，所以提前采收并不会影响整体产量，一般在七分成熟、菌盖完全没有平展时，采收效果最好。采收后的平菇可以往菌褶上喷少量的水，这样菇体在运输过程中不易开裂，平菇采收后必须尽快上市销售，一般是半夜采摘，凌晨送到就近的批发市场销售，运输和保存时间越短越好。

7. 转潮期管理

平菇可以采收多茬，在采收完第一潮菇后立即进入转潮管理，首先要清理袋口，将袋口的残余菇根和培养料清除干净。如果是套环式出菇，就要重新覆盖报纸，按照之前的管理方法出二潮菇，也能达到出菇整齐的目的。如果是划口式出菇，则需要在清理菇根后加大湿度和通风，等待二潮出菇，但不如套环出菇整齐。

无论是哪种出菇方式，拉大温差都可以缩短转潮的时间，如果温差太小，转潮时间太长的话，可以往料面喷洒低浓度三十烷醇（使用方法参考使用说明）。若在缺乏温差刺激的条件下需缩短转潮时间，要注意的是使用三十烷醇的浓度不易过高，否则会起相反的作用。

（七）平菇反季节栽培病害虫害防治

1. 平菇反季节栽培病害防治

夏季是食用菌病害的高发季节，平菇在反季节栽培时容易发生以下病害。

（1）细菌性病害　发生最多的是细菌性病害，常引起菇体颜色变黄，产生黄水，发展到后期菇体就会腐烂萎缩，并且传播较快，一般这类病害都是由于湿度过高、通风不及时引起的，产生这类症状后，要及时清理染病的菇体，减少加湿、加大通风，可以有效地控制这类病害的发生。

（2）菇体变形　如果发现幼菇呈豆芽状生长或者菌盖边沿发生不正常的卷曲，都是由于通风不良或者菇棚（房）内有害气体浓度过大引起的。同样需要加大通风并且避免氨气或者有机磷类等有害物质进入菇房。在通风过程中也要注意周边是否有堆肥或使用除草剂的现象,如有发现,则在外界有害气体浓度大时减少通风,等风向改变或者有害气体浓度变小时,再恢复通风。

反季节平菇在出菇阶段还有一些病害也基本都和通风、加湿有关,只要掌握好加湿和通风的规律,就可以有效减少病害的发生。

2. 平菇反季节栽培虫害防治

平菇在夏季进行反季节生产时特别容易发生虫害,尤其是蚊蝇类虫害在夏季几乎都会发生,密封不严的菇棚发生率更高,一般蚊蝇类虫害好发生于二潮菇之后,蚊蝇繁殖速度非常快,卵产在培养料上孵化出的幼虫以菌丝为食,成虫则飞出原有菌包,继续寻找新的菌包产卵繁殖,如不加以控制,会在几天之内传染大部分出完一潮菇后的菌包,使菌包靠近袋口部位的菌丝都被蚊蝇幼虫啃食,严重影响下一潮出菇。

防治蚊蝇类虫害的发生除了在门窗通风口处加装防虫网,尽量减少夜间光照外,还可以采用在夜间过道处点燃蚊香的方法驱赶成虫。一旦虫害发生,可以在采收结束后关闭通风口,往料面喷洒低毒高效的杀虫药,如氯氰菊酯等,同时在过道处每隔 3 米点燃一盘蚊香,用来杀灭成虫,依此法重复几次后,就可以有效减少蚊蝇的数量。

三、秋季平菇栽培

(一)生产时间确定

平菇栽培时间因各地气候不同、品种适宜生长温度不同而有差异。根据平菇生长发育对温度的要求,春、秋两季是平菇生产的旺季。确定栽培季节时,不但要考虑当地的气候条件和出菇要求的温度,而且还要考虑各季节平菇的市场行情或销售价格。只有综合考虑,才能取得更好的经济效益。

北方播种可分为秋播和春播。秋季栽培的播种期一般在 8 月中旬至 10 月上旬,最适播种期在 8 月下旬至 9 月下旬,此时日平均气温已降至 20 ℃,对杂菌生长不利,一般经 35～40 天即可出菇,大批量商品菇生产多在这段时间内播种。春季栽培的播种期在 2 月,虽然此时气温较低,发菌慢,但是很少有杂菌污染,4 月中下旬可出菇。

(二)菌种准备

依据栽培季节选择抗逆性强的品种,要多选几个品种,同一品系的菌种要实行轮换栽培。有条件的最好自制栽培种,以降低成本。栽培种的菌龄在 30～45 天为宜,为了得到适龄菌种,必须切实做好制种时间与栽培时间上的衔接。

在菌种培养过程中，由于平菇菌丝生长粗壮、速度快，如果不注意及时检查杂菌，就可能出现菌丝体将杂菌覆盖的现象，导致培养结束后，菌种从表面上看纯正健壮，其实已经污染了杂菌，最终给生产带来损失。

（三）菌袋制备

1. 配制培养基

不同原料栽培平菇的产量有所不同。在制定配方时应注意针对平菇对营养的需求特点，合理搭配碳素营养和氮素营养，做到碳素和氮素营养平衡。常用的培养料配方有：

(1)玉米芯50%，豆秸47%，麸皮2%，石灰1%。

(2)玉米芯60%，米糠或麸皮37%，石膏1%，过磷酸钙2%。

(3)稻草76%，蔗糖1%，石膏1%，麸皮20%，过磷酸钙2%。

(4)棉籽壳70%，麸皮12%，过磷酸钙1%，稻草15%，糖1%，石膏1%。

(5)阔叶树木屑82%，石膏3%，石灰2%，麸皮（玉米面）10%，过磷酸钙2.5%，尿素0.5%。

(6)玉米芯78%，麸皮20%，蔗糖1%，石膏1%。

按配方比例称取各物质，把粉碎后的玉米芯与麦麸、石膏等不溶性的干料先混匀，再将糖等可溶性辅料溶解于水中成母液，分批洒入培养料中，含水量约为60%，充分搅拌，力求均匀，待水分从表面吸入颗粒内部后，再酌情洒些水，即可开始装料。

2. 装袋

早秋栽培选用(22～24)厘米×(50～55)厘米×(0.04～0.05)毫米栽培袋；春季栽培选用(18～20)厘米×(45～50)厘米×(0.04～0.08)毫米或23厘米×40厘米×0.05毫米的聚乙烯栽培袋。一般用装袋机装料，最好有周转筐，装好的料袋放入周转筐内灭菌，既避免了料袋间挤压变形，又利于彻底灭菌。

3. 灭菌

常压灭菌时，待料袋中心温度升至100 ℃开始计时，需要灭菌12～14小时，也要遵循“攻头、促尾、保中间”的原则。太空包灭菌最适合在日光温室内就地灭菌，就地接种，既减少搬运过程，节省劳力的同时，又降低了料袋的破损率，提高成功率。

出锅前先将冷却室或接种室进行空间消毒。把刚出锅的热料袋运到消过毒的冷却室或接种室内冷却，待料袋温度降到28 ℃以下时才能接种。

4. 接种

(1)菌种瓶（袋）的预处理　接种前将料袋、栽培种及各种接种用具一起放进接种室,熏蒸或喷雾消毒,再将菌种瓶(袋)放在0.2%～0.3%高锰酸钾溶液中浸泡2～3分钟。

(2)接种方法　接种时将菌种搅成玉米粒般大小的碎块,两人操作,一人持菌种袋(瓶),一人持料袋。在酒精灯火焰无菌区内,打开料袋,迅速将菌种均匀地撒在袋料表面,形成一薄层。然后将袋口套上塑料环,将塑料袋口翻下,再在环上盖上牛皮纸或报纸,用橡皮筋箍好即可。操作时,动作要快,防止杂菌污染。熟料栽培用种量,一般为培养料干料重的8%左右。

(四)发菌管理

采用双区制栽培体系(即发菌和出菇分别在不同的场所进行)时,发菌室熏蒸消毒,密闭24小时就可以将菌袋搬入进行发菌管理。合理排放菌袋,适时进行倒袋翻堆和通风,控制好发菌温度,发菌场所尽量保持黑暗。菌袋的排放形式一定要与环境温度变化紧密配合,菌袋采用单排堆叠的方式排放。堆放层数及排与排之间的距离视气温而定,温度低时,菌袋可堆6～8层,排距20厘米左右。气温高时,堆放3～4层,排距50厘米左右。菌袋采用"井"字形摆放,以4～6层为宜,当气温升高至28℃以上,以2～4层为好,同时要加强通风换气。正常情况下,每隔7～10天要倒袋翻堆一次,以调节袋内温度与袋料湿度,改善袋内水分分布状况和透气状况,促进菌丝生长一致,经过30天左右,菌丝即可长满袋。

(五)出菇管理

清理出菇场地卫生,清除杂物、灰尘等,然后在通风口及门窗安装纱窗,防止蚊蝇成虫进入。然后对出菇场所进行消毒,防止杂菌滋生。

采用网格式出菇架出菇时,将生理成熟的菌袋用双手抓住菌袋肩部放入网格式出菇架内,菌袋端面平齐在同一平面,用刀在袋口附近划口定位出菇。或将发好的菌袋在温室内南北向摆放,菌墙不得超过1.5米,行间留80～100厘米的过道。过道最好对着南北两侧的通风口。菌袋堆放好后,喷淋,使环境的相对湿度提高到85%～90%。温度可根据品种的温型需要进行调控,每天喷水次数依天气变化灵活掌握,出菇室要有充足的散射光。

当子实体长到八分成熟时,要及时采收,采收前3～4小时应提高出菇室内空气的相对湿度,降低空间孢子量,防止人体吸入过量孢子而引起过敏。菇体上要少量喷水,以保持其鲜度,盖缘不易开裂。

采收时,用利刀紧贴菌袋表面,将菇体成丛切割,以免将培养料整块带下。第一潮菇采收后,清理袋口表面的老菌皮及菇根,停止喷水,加大通风,使袋内菌丝恢复生长。几天后再提高空气相对湿度,促进袋口原基形成,再按上述方法进行出菇管理。

袋栽平菇头潮菇采收结束后，用专用补水器补水。水分的补充标准是使菌筒的质量达到装袋时的质量或者略高一点。经补水后，可连续出2～3潮优质平菇，总产量可比常规出菇法提高50%。该补水法在高温季节切不可用，以免导致整体污染。

第四节　羊肚菌栽培技术

羊肚菌，俗称羊肚蘑、羊肚菜，因菇盖表面凹凸不平，形态酷似羊肚（胃）而得名，是一种珍贵的食（药）用菌。羊肚菌营养丰富，含有丰富的蛋白质，多种维生素及20多种氨基酸，味道鲜美，甘寒无毒，具有益肠胃，化痰理气等功效。野生羊肚菌大多生长于阔叶林地上及路旁，主要分布于云南、四川、甘肃、新疆、陕西、辽宁等地，安徽、河南境内也发现有羊肚菌。羊肚菌适宜生长在土壤湿润或降水量较多且容易保湿的环境中。在菌丝生长阶段，土壤或栽培基质含水量以45%～65%为宜。子实体生长发育阶段，空气相对湿度以80%～95%为宜。在菌丝生长和菌核生长阶段羊肚菌不需要强光照，有部分散射光的条件即可，最适宜菌丝的生长发育光照强度以600～1 000勒克斯为宜。要避免菌丝生长过程中有强光，否则会抑制菌丝的生长，羊肚菌是低温高湿性食用真菌，在不同生长阶段需要的温度不同，菌丝适宜生长温度为15～22 ℃，进行有氧呼吸。子实体适宜生长温度为8～22 ℃，通常温度不超过15 ℃时，品质较好。土壤的pH 7～7.9。在北方寒区以棚室栽培为主，一般是早春及9月至翌年6月可完成2～3个生产周期。

一、羊肚菌棚室营养袋栽培

（一）栽培季节和菌种选择

羊肚菌顺季栽培可分春秋两茬：①一年内第一个生产周期：春茬羊肚菌栽培，3月初播种，5月下旬结束采收；②第二个生产周期：秋茬羊肚菌栽培，一般是8月上旬开始生产二级种，9月中旬播种，12月采收完毕，两个生产周期间高温季节可生产一茬高温菇，如可在7月上旬栽培草菇等，提高棚室利用率，增加收益。

菌种选择　羊肚菌的生产栽培菌株主要来源野生菌株的分离培养与人工驯化栽培，极少菌株来源野生羊肚菌的孢子自交或杂交培养。

羊肚菌人工栽培种　在羊肚菌3个支系中，有多个种实现了人工栽培，其中包括黑羊肚菌支系中的梯棱羊肚菌 *Morchella importuna*、六妹羊肚菌 *M. sextelata* 和七妹

羊肚菌 *M. septimelata*、黄羊肚菌支系中羊肚菌和变红羊肚菌支系中变红羊肚菌。在我国,可以实现人工栽培的羊肚菌有4个种,即梯棱羊肚菌、六妹羊肚菌、七妹羊肚菌和羊肚菌。目前,梯棱羊肚菌因高产、稳产特性,占我国栽培菌种的95%以上,其次为六妹羊肚菌,虽然其子实体较小,但较梯棱羊肚菌更适合北方地区。

(二)母种分离、培养

由于羊肚菌生产中菌种特性仍不稳定,可在生产中优选个体进一步进行母种分离纯化,常用方法为孢子法,选择长势优良的羊肚菌个体,在子囊果表面先用75%的酒精棉球擦一遍,然后用无菌水冲洗,无菌滤纸吸水,盖朝下,在无菌操作条件下悬挂于广口瓶中,经适温培养,收集孢子后,取出子囊果。接种后的广口瓶和培养皿均置18～20 ℃室内避光培养。每隔5小时观察1次孢子和组织块中菌丝萌发情况、污染情况和菌落大小等。待孢子萌发并形成絮状菌丝体后无菌操作,用接种锄挑取广口瓶内无污染的菌丝体与少量培养基一起接种于培养皿内进行纯化培养。也可采用菌丝分离法,取在羊肚菌生长的周围充满白色菌丝的土壤。从土壤中挑选这种菌丝进行分离。一种是土壤直接分离,另一种是浸提分离,相较孢子法操作过程中剔除杂菌难度大。

(三)配制栽培料

栽培料配方:

①农作物秸秆粉74.5%,麸皮20%,过磷酸钙1%,石膏1%,石灰0.5%,腐殖土3%。

②木屑75%,麸皮20%,过磷酸钙1%,石膏1%,腐殖土3%。

③棉壳75%,麸皮20%,石膏1%,石灰1%,腐殖土3%。

料水比为1∶1.3,拌好料后堆积发酵20天,含水量调至60%。采用17厘米×33厘米聚丙烯或聚乙烯塑料袋装料,每袋装料500～600克,然后在100 ℃条件下灭菌8小时,灭菌后即可接入菌种。采用两头接种法,封好袋口,置于22～25 ℃下培养30天左右,菌丝可长满袋。菌丝满袋后5～6天,即可进行栽培。

(四)畦床处理及播种

与春茬羊肚菌栽培相比,秋茬羊肚菌生产期长,品质好,产量高,故着重介绍秋茬羊肚菌栽培。在高温菇(如草菇等)生产结束后,将畦床清理干净,将前茬菌糠混入土壤,增加含氮量,采用强光曝晒,杀虫卵及杂菌,9月待气温降至10～15 ℃即可播种羊肚菌(提前1个月生产羊肚菌栽培种)。播种前一天棚内土面雾状喷水,使土壤湿度在30%左右。播种前将菌种打散备用。播种时顺着大棚长的方向每隔30厘米留有畦面1.0～1.2米,立桩拉绳作标尺,将打散的栽培种均匀散播于畦面内,播种后立即取未播种的30厘米内土覆于畦面上,覆土厚度2～3厘米,可整理出畦高 20 厘米左右，土粒粒径小于 2.5 厘米，畦床间距 30 厘米。播种后雾化浇透水，直至畦沟内有水溢出为止。

（五）菌丝培养

播种后，调控棚内空间温度 10～18 ℃，畦床内温度 8～13 ℃，空气相对湿度 60%～70%，每天通风 10～20 分钟。播种后 3～5 天，当畦面土壤 60%～80%产生白色霜状物（俗称菌霜）的分生孢子后，开始摆放营养袋，营养袋摆放间隔 20～40 厘米，呈品字形排列，将有开口的一面紧贴畦面摆放。仍保持棚内温度 10～18 ℃，畦床内温度 8～13 ℃，每天通风 10～20 分钟。菌丝培养 45～50 天即可进行出菇管理。营养袋成分与摆放方法是羊肚菌生产的技术核心之一。营养袋规格一般为 12 厘米×24 厘米，每袋的基质含 80～120 克小麦的基础上，可额外添加 40 克谷壳；或 40 克木屑和 20 克谷壳；或 40 克玉米芯和 20 克谷壳，腐殖质土 20～40 克，最终添加 1%～1.5%生石灰，2%石膏和 1.5‰磷酸二氢钾，每亩需 1 600～1 800 袋。

（六）出菇管理

当第 2 次返起的分生孢子开始消退，并且大量菌丝有吐水现象时，雾化喷水 20～40 分钟，将畦床温度控制在 6～10 ℃催菇，空间温度控制在 10～15 ℃，空气相对湿度保持在 80%～90%，同时加大通风确保棚内二氧化碳浓度在 800 毫克/升以下，白天散射光照，7～10 天后将有羊肚菌原基出现。待羊肚菌原基形成，棚内温度控制在 13～20 ℃，二氧化碳浓度在 700 毫克/升以下，光照 300～500 勒克斯。

（七）采收及菌床处理

羊肚菌一般现蕾后 15～20 天，就可采收。

采收标准为子囊果不再增大，子实体由浅黄色变为黑褐色、菌柄白色，菌盖脊与凹坑棱廓分明，有弹性，有浓郁的香味时，可采收第一潮菇。

采收时戴手套，3 个指头轻轻握住菌柄，用锋利的小刀在菌柄近地面，沿水平方向切割，并削掉黏附在菇柄上的泥土杂物，按照不同等级分别存放。采菇用的篮子内部放柔软物，以免擦伤菇体表面，每篮放菇数量不宜太多，以防压伤菇体。第一潮菇采收后，将畦面上的菇脚清理干净，温度控制在 15～20 ℃，空气相对湿度在 70%～75%，保持畦面湿润，每天通风 2 次，每次 15～20 分钟，20 天左右，可再次形成羊肚菌原基，羊肚菌一般可采收 2～3 潮，至 12 月底采收基本结束。次年 3 月初清理菌床、翻地、晒棚，进行羊肚菌春茬播种生产，生产方法同秋茬羊肚菌，5 月末采收完毕，6 月气温升高，羊肚菌不再出菇。此时可以整理畦床，轮作草菇等高温菇。

（八）病虫害防治

菌丝生长与子实体生长期都会发生食用菌常见病虫害，应以预防为主，注意保持场地环境的清洁卫生。播种前进行场地杀菌、杀虫处理。后期若发生虫害,在出子实体之前可喷除虫菊酯或10%石灰水进行防治。

(九)干鲜品分级及包装

(1)产品分级　商品菇菌柄与菌帽总长度达8～13厘米、菌柄偏白、菌帽长于菌柄、无霉变、无畸形、菌帽长圆锥状。次品菇子实体有日灼、畸形,菌帽短圆状、菌柄发黄、霉变。

(2)鲜品包装　冰袋必须完全冻硬,包装前用吸水纸包裹冰袋,以免其表面水分直接接触羊肚菌。10千克泡沫箱一般装9～12个冰袋,1层冰袋1层羊肚菌交叉放,泡沫箱内尽量装严实不留空隙,以免在运输过程中因抖动而损坏产品。

(十)干鲜品保鲜及加工

(1)冷藏保鲜　羊肚菌鲜品的冷藏设备有冰箱、冰柜、冷库、冷藏车等。冷藏温度控制在2～4 ℃,可贮藏7～10天。

(2)干制加工　羊肚菌加工方法主要是晒干或烘干。在进行干燥时注意不要弄破菌帽,保持其完整。可烘干或在阳光下晒干,不能用柴火烟熏,以免影响质量。干制后分等级在塑料密封袋内防潮保存。

二、羊肚菌大田营养袋栽培

1. 土壤选择

羊肚菌种植适合选择有机质含量高、含沙量高的土壤,同时要求保证水质无污染、农药残留低。一般选择在种植前半年内和栽培过程中未使用过除草剂和杀虫剂的地块,以保证土壤的安全性。

2. 菌种选择

应保证菌种来源安全可靠,一般不需要进行任何处理即可直接播种,但需注意剔除感染菌种,若局部病菌未扩散可以去除后再使用。

3. 整地做畦

耕地前撒施生石灰750千克/公顷,在杀菌的同时提高土壤pH,然后用深耕机将大田翻1～2次,深度达到20厘米以上,并利用旋耕机将田间表土打碎,保证耕地内基本没有超过拳头大小的土块,再经太阳曝晒杀菌3天,即可开始做畦。做畦时,先用石灰粉按作业面宽1.4米标示位置,然后用起垄机开沟起垄,人工调整做平畦面,同时人工剔除大块石头等杂物。

4. 开沟

播种在距畦面边缘20厘米处用锄头开出3条宽10厘米,深10厘米的播种沟,将菌种开袋揉碎后均匀撒到播种沟内,覆土时,用钉耙直接来回勾动畦面的土壤即可，要求覆土厚度不超过3厘米。播种后浇1次透水，即畦面可以明显看到水溢出到沟内，但不能长期积水，促使初生菌丝迅速生长发育，然后用黑色地膜覆盖，黑色薄膜与畦面同宽，覆膜可有效保持土壤湿度和防止杂草生长。

5. 搭建遮阳网

羊肚菌生产对光照强度的要求较为严格，光照强度不仅影响前期菌丝的发育生长，也影响后期出菇后的菌菇品质。因此，生产过程中选择遮阳率较高的遮阳网，规格为6针，8米宽或12米宽，搭建的遮阳网棚高度为2米，四周用铁丝拉线绷直，立柱需要高2.5米，用打孔机打孔，深0.4～0.5米，每4米立一根立柱，要求搭建好的遮阳棚坚固且内部方便人员操作。

6. 搭建小拱棚

羊肚菌在10月中下旬种植，温度在20 ℃左右，当温度在5 ℃以下时，可采用搭建小拱棚来保温。实践栽培中，采用1.8米长的竹坯子，按照间距80厘米插入土中，拱棚距畦面的高度为42厘米，在拱面上覆盖宽度为2米的保温膜(6丝)，用土压实，但不要过于严实，注意通风透气，保证棚内氧气量充足。

7. 营养及水分管理

一是放置营养袋。当羊肚菌的菌丝发育到一定阶段，需额外添加营养保证菌丝的营养需求，通常通过在畦面上添加营养袋的方式来实现。生产中，待到畦面形成乳白色盐霜状孢子层时，表示羊肚菌菌丝已进入栽培的富集状态，可以摆放营养袋。营养袋摆放的标准是22 500袋/公顷，每畦面摆3排营养袋，间隔0.5米，若畦面较宽，可增加营养袋的排数，摆放原则为分散错落，用小刀在营养袋的一面划出切口，使其充分与土壤接触，保证营养成分正常供应运送。

二是水分适宜。在雨雪天气较多的地区，需要搭小拱棚，铺黑地膜保温保湿，土壤正常湿度在70%以上，一般情况下不需要浇水，若畦面土干燥，要及时浇水，保证羊肚菌对水分的需求。进入出菇期后，切勿往畦面上直接浇水，可采用沟内灌水的方式增湿。

参考文献

[1] 中国农业科学院蔬菜花卉研究所. 中国蔬菜栽培学. 2版[M]. 北京:中国农业出版社,2009.
[2] 汪兴汉. 蔬菜设施栽培技术[M]. 北京:中国农业出版社,2004.
[3] 王玉宏,董立新,胡朝兴,等. 无公害蔬菜生产技术及高产高效种植模式[M]. 北京:中国农业出版社,2013.
[4] 王玉宏,李兵,张天也. 山区特色种植业[M]. 石家庄:河北科学技术出版社,2017.
[5] 李天来,许勇,张金霞. 我国设施蔬菜、西甜瓜和食用菌产业发展的现状及趋势[J]. 中国蔬菜,2019(11):6-9.
[6] 田春雨,闫丽,董岩,等. 花椰菜保护地制种关键技术探讨[J]. 中国瓜菜,2019,32(9):58-60.
[7] 郭晓雨,宋晓飞,李晓丽,等. 黄瓜果瘤位置性状遗传与QTL分析[J]. 中国瓜菜,2020,33(9):12-17.
[8] 周志杰,董岩,刘忠华,等. 物联网技术设施蔬菜生产上的应用[J]. 农业开发与装备,2018(3):45-46.
[9] 陶秀娟,池海青. 白菜黑斑病防治药效试验[J]. 园艺与种苗,2021,41(8):43-44.
[10] 王民乐,罗瑞,刘源,等. 不同碳氮源、碳氮比对六妹羊肚菌菌丝特性的影响[J]. 中国食用菌,2020,39(12):41-44,49.
[11] 范庆杰,邱光伟,任杰,等. 马铃薯晚疫病的田间调查及药剂筛选试验[J]. 园艺与种苗,2017(8):57-59,62.
[12] 郭久林. 富硒番茄栽培技术[J]. 园艺与种苗,2018(3):36-38.
[13] 黄毅. 食用菌工厂化栽培[M]. 福州:福建科学技术出版社,2014.
[14] 李明,等. 食用菌病虫害防治关键技术[M]. 北京:中国三峡出版社农业科教

出版中心,2006.
[15] 杨桂梅,苏允平. 食用菌生产[M] . 北京:中国农业大学出版社,2014.
[16] 常明昌. 食用菌栽培[M]. 北京:中国农业出版社,2009.
[17] 陈俏彪. 食用菌栽培技术[M]. 北京:中国农业出版社,2015.
[18] 沈敏. 双孢菇三区制工厂化栽培技术[J]. 安徽农学通报(上半月刊),2011,17(13):219-220.
[19] 沈敏. 薛利,李文生等. 双孢菇高产优质工厂化生产技术[J]. 安徽农学通报,2017,23(Z1):35-36,69.
[20] 陶永新,朱坚. 国外木腐菌工厂化的前沿技术及生产革新[J]. 北方园艺,2010(15):42-44.
[21] 王延锋,戴元平,徐连堂,等. 黑木耳棚室立体吊袋栽培技术集成与示范[J]. 中国食用菌,2014,33(1):30-33.
[22] 王勇,魏雪生,张志军,等. 食用菌污染袋白色链孢霉的发生及防治[J]. 北方园艺,2010(23):174-175.
[23] 吴治国,张文武,王健胜,等. 杏鲍菇工厂化瓶栽综合丰产技术研究[J]. 食用菌,2013,35(5):43-44.
[24] 邢作山,李洪忠,陈长青,等. 食用菌干制加工技术[J]. 中国食用菌,2009,28(3):56-57.
[25] 张功友. 承德地区双层拱棚栽培错季香菇新技术要点[J]. 中国农业文摘-农业工程,2017,29(3):70-71.